VACHES LAITIÈRES

ÉTUDE COMPLÈTE DES CARACTÈRES

A L'AIDE DESQUELS

ON PEUT RECONNAITRE FACILEMENT UNE BONNE LAITIÈRE

AUGMENTÉE

D'UNE ÉTUDE SUR L'ENGRAISSEMENT

ET LES TYPES LES PLUS APTES A PRODUIRE DE LA GRAISSE ET DU SUIF;

CONTENANT EN OUTRE DES CHAPITRES SUR :

1° Le système Guénon ;
2° La formation d'une bonne laitière par l'alimentation et l'accouplement ;
3° Le lait au point de vue des différents types et dans ses rapports avec le beurre et le fromage ;
4° Les races, etc., etc.

OUVRAGE COURONNÉ PAR LA SOCIÉTÉ D'AGRICULTURE DU PAS-DE-CALAIS.

PAR

J. LODIEU (DE PLOUVAIN)

Auteur de divers écrits d'économie rurale.

Puisque les lois naturelles sont des lois divines, la volonté de Dieu se trouve écrite dans ses œuvres.

PARIS
LIBRAIRIE DE VICTOR MASSON
PLACE DE L'ECOLE-DE-MÉDECINE.
1856

VACHES LAITIÈRES

ET

D'ENGRAIS.

(C.)

Paris. — Imprimerie de L. MARTINET, rue Mignon, 2.

Type *flamand-boulonnais*,
10 litres de lait par jour.

VACHES LAITIÈRES

ÉTUDE COMPLÈTE DES CARACTÈRES

A L'AIDE DESQUELS

ON PEUT RECONNAITRE FACILEMENT UNE BONNE LAITIÈRE

AUGMENTÉE

D'UNE ÉTUDE SUR L'ENGRAISSEMENT

ET LES TYPES LES PLUS APTES A PRODUIRE DE LA GRAISSE ET DU SUIF ;

CONTENANT EN OUTRE DES CHAPITRES SUR :

1° Le système Guénon ;
2° La formation d'une bonne laitière par l'alimentation et l'accouplement ;
3° Le lait au point de vue des différents types et dans ses rapports avec le beurre et le fromage ;
4° Les races, etc., etc.

OUVRAGE COURONNÉ PAR LA SOCIÉTÉ D'AGRICULTURE DU PAS-DE-CALAIS.

PAR

J. LODIEU (DE PLOUVAIN)

Auteur de divers écrits d'économie rurale.

Puisque les lois naturelles sont des lois divines, la volonté de Dieu se trouve écrite dans ses œuvres.

PARIS
LIBRAIRIE DE VICTOR MASSON
PLACE DE L'ÉCOLE-DE-MÉDECINE.
1856

VACHES LAITIÈRES

ET

D'ENGRAIS.

CHAPITRE PREMIER.

ÉTAT DE LA QUESTION.

Étudier les vaches laitières dans le but d'être utile à mes semblables et d'obtenir une place honorable parmi ceux qui ont écrit sur cette matière, telle est la mission que je me suis imposée depuis longtemps déjà, et que je me propose d'accomplir en publiant ce livre.

Vraiment, quand on considère les progrès opérés dans toutes les connaissances humaines, quand la lumière chasse de toutes parts l'obscurité devant elle, il est permis de s'étonner qu'une des branches les plus importantes de l'économie sociale soit encore enveloppée de nuages et de mystères aux yeux des populations agricoles, et que les intérêts les plus graves soient de cette sorte abandonnés journellement à l'empire du hasard. Mais de l'acquisition d'une vache — une seule ! — dépend souvent la gêne ou l'aisance du ménager, du petit cultivateur, et un mauvais choix entraîne presque toujours la ruine d'une famille pauvre qui a mis tout le fruit de ses épargnes, son seul patrimoine, dans l'achat d'une mauvaise laitière revendue forcément à vil prix ! Et pourtant, je dois le dire, les sociétés d'agriculture, des savants, les comices, et çà et là des cultivateurs intelligents, ont beaucoup fait dans ces derniers temps pour arriver à la solution de ce problème et en vulgariser les conséquences pacifiques.

La question à résoudre paraît, à première vue, hérissée de nombreuses difficultés, parce que les personnes décidées à l'étudier sous ses faces principales ou à fond ne se présentent pas devant elle avec une théorie assez sûre, assez large pour servir de base à une longue et bonne pratique. Parmi les signes particuliers qui appartiennent à la pratique et diffèrent selon les contrées, les uns sont inexpliqués, imparfaits, ridicules parfois ; d'autres n'ont qu'une valeur relative ; et si quelque observateur se rapproche du type cherché par la science, le pourquoi ne peut en être fourni d'une manière assez claire, assez rationnelle, assez vraie, pour être saisi facilement par toutes les intelligences. Alors, ces recherches tombent comme bien d'autres devant l'insouciance ou l'incrédulité publique, et restent enfouies dans une stérile obscurité, jusqu'à ce qu'un autre amateur vienne les combattre sans discussion suffisante, pour y substituer des observations, des idées d'une valeur également suspecte, et devant lesquelles le public qui passe ne daigne pas s'arrêter. Or, ce n'est qu'en procédant une bonne fois avec méthode, carrément, en sondant les causes premières de la sécrétion du lait; ce n'est qu'en étudiant profondément les rapports intimes, sympathiques, fonctionnels, qui existent entre les organes lactifères et les autres rouages de l'organisme, que l'on peut trouver la voie qui mène à la vérité. Pénétré profondément de l'efficacité de ces moyens, après avoir examiné tout d'abord la conformation d'un grand nombre d'excellentes laitières, j'ai dû poursuivre mon œuvre par l'étude des rapports qui existent entre les principes qui régissent les phénomènes de la vie et la structure particulière à chaque organe, à chaque race, à chaque type, comme à de nombreuses variétés de l'espèce bovine. C'est donc sous les auspices de la science, qui a subi toutes les épreuves possibles d'une pratique longue et soutenue, que j'expose mon système aux yeux du public. Pendant que j'ouvrais des livres d'anatomie, d'histoire naturelle, de chimie, de physiologie, etc., j'examinais les œuvres de la nature, je décomposais des types, j'analysais des individus. Eh! mon Dieu! il faut bien le dire, il ne s'agit, après tout, en ceci comme en toutes choses, que de savoir lire, observer, comparer et juger; le temps fait le reste, et la science ne revendique rien, elle! elle dit au contraire merci à quiconque porte son petit flambeau dans les ténèbres qu'elle veut faire disparaître de ce monde! Dieu nous garde de dédaigner les utiles efforts de nos devanciers et de ceux qui viendront après nous. A chacun son idée, sa tâche et sa part de gloire! Que le savant s'appelle M. Magne ou M. Yvart, M. Girou de Buzareingues ou M. Guénon, M. Sainte-Marie ou Villeroy, ou qu'il s'appelle encore Lemaire, qui, lui aussi, ce pauvre et jeune ami, a publié d'utiles et beaux travaux sur les vaches laitières, hommage à tous! C'est sincèrement et respectueusement que j'élève la voix de la reconnaissance du fond de mon village, dût-on la trouver trop faible, pour parvenir jusqu'aux régions où l'on rencontre le vrai mérite!

Un mot encore. A l'heure où j'écris ces lignes d'introduction, l'Exposition universelle agricole ouvre ses portes avec un éclat inouï, et je cours, comme la foule, admirer toutes les merveilles de la création divine et humaine. Il me tardait de parcourir ces immenses galeries où se trouvent rassemblés des bestiaux venus de tous les pays du monde, non tant pour admirer d'abord, s'il était permis de faire taire son enthousiasme devant des prodiges, que pour étudier encore, apprécier de nouveau, et retremper mes convictions devant des preuves éclatantes! C'est avec joie que je le proclame, l'examen approfondi de toutes les races françaises et étrangères, les nombreux types qu'il ne m'avait été permis que de saisir dans les livres, m'ont prouvé de nouveau, sans réplique, que la bonne laitière sort du même moule dans tous les pays du monde, et que chaque race est appropriée au but auquel elle est destinée, vérité annoncée solennellement, du reste, l'année dernière, par M. Rouher, ministre de l'agriculture, en des termes précieux et graves, que j'ai salués avec la plus grande joie. Si ceux qui doutent ou qui nient, douteront ou nieront encore après la publication de mon livre, avaient pu me suivre seulement une heure dans le palais de l'Exposition, ils auraient salué les hommes éminents qui ont préparé cette admirable exhibition de l'espèce bovine, et remercié le gouvernement qui l'a accomplie, après en avoir été le promoteur.

CHAPITRE II.

MACHINE ANIMALE DÉCRITE EN VUE DE MA MÉTHODE.

Avant d'aller plus loin, il est nécessaire de jeter un coup d'œil sur les principaux rouages de l'organisme, et d'exposer succinctement le jeu des principales fonctions de la vie animale. Je ne m'adresse pas à des savants seulement, mais à des hommes qui, pour la plupart, sont peu initiés aux termes comme aux principes de la science.

L'organisation animale paraît très compliquée. Il est bon, pour être bien compris, que nous la ramenions aux termes les plus simples. Or, dans une vache, que voyons-nous? Une charpente osseuse dont toutes les pièces, réunies par des attaches, forment l'ensemble appelé *squelette*. Chaque pièce de cet assemblage est couverte de parties molles, dont les plus considérables, connues sous le nom de *muscles*, constituent les puissances qui meuvent les leviers formés par les *parties osseuses*. Le *tronc* est cette vaste cavité divisée en deux parties par une cloison appelée *diaphragme*. La cavité antérieure, ou le *thorax*, renferme les *poumons* et le *cœur*, et l'autre partie, sous le nom d'*abdomen*, contient l'*estomac*, les *intestins*, etc., et se termine par le *bassin*. La principale pièce du tronc est la *colonne vertébrale*, qui est le support de tout l'édifice.

Les os.

La composition des *os* est la même que celle des autres organes : des parties absolument semblables entrent dans leur structure : à l'exception d'une matière saline organique qui, déposée dans des cellules, leur donne la solidité. La moelle elle-même, par sa nature chimique, a la plus grande analogie avec la graisse. Le tissu cellulaire de l'os reçoit même un assez grand nombre d'artères, de veines, et de vaisseaux lymphatiques.

Les muscles, les tissus nerveux et cellulaires.

Le *tissu musculaire* constitue ce que l'on appelle communément la *chair*. Les fibres, réunies en masse, forment le muscle qui, à son tour, est formé par la réunion d'un certain nombre de faisceaux. La force musculaire est relative au nombre de fibres qui composent les organes locomoteurs, comme la faculté contractile est en raison directe des artères qui se répandent dans leurs tissus. Le sang est l'agent spécial de la nutrition ; il transporte la fibrine dans la profondeur des parties solides. On comprend dès lors pourquoi la nature chimique des muscles est la même que celle de la fibrine retirée du sang, deux substances qui contiennent de la *gélatine*, de l'*albumine*, des *sels* et beaucoup d'*azote*.

Le *tissu nerveux* est une matière molle, vasculaire, glutineuse, et ordinairement blanchâtre. Chaque faisceau qui concourt à former le muscle reçoit un ou plusieurs nerfs.

De tous les matériaux constitutifs, le tissu cellulaire est le plus répandu partout. C'est une substance molle, blanchâtre, très élastique, interposée entre tous les organes dont elle remplit les interstices ou les cellules. C'est là que se dépose la graisse. Les cellules communiquent toutes les unes avec les autres, et sont toujours imbibées d'un fluide spécial chargé de particules albumineuses que l'on désigne sous le nom de *sérosité*. Le tissu cellulaire est lâche et abondant à la face externe des muscles sous-cutanés, et particulièrement aux régions thoracique et abdominale, aux arcs, autour des articulations et des gros vaisseaux, entre les replis du péritoine, au voisinage des reins et des organes renfermés dans le bassin.

Le cœur, les artères, les veines, les vaisseaux lymphatiques et les ganglions.

Le *cœur* est le centre de l'appareil de la circulation.

Les *artères* sont des vaisseaux qui servent à porter le sang du cœur dans toutes les parties du corps.

Les *veines* rapportent ce liquide de toutes les parties du corps dans le cœur.

Les parois des vaisseaux sanguins sont perméables aux liquides, et permettent une espèce de filtration qui donne lieu à deux phénomènes : l'*absorption* et l'*exhalation*. Les vaisseaux préposés à l'absorption du chyle ont des orifices qui s'ouvrent librement à la surface externe des intestins, et pompent le fluide qui doit être jeté dans le torrent de la circulation.

On donne le nom de *lymphatiques* à un ordre de vaisseaux qui naissent par des radicules d'une ténuité extrême dans la profondeur des organes, et qui, après s'être réunis en troncs, vont déboucher dans les veines. L'analyse chimique nous révèle, dans la lymphe, de l'eau, de l'albumine, de la fibrine et divers sels.

Les *vaisseaux capillaires*, formés par les dernières ramifications des artères et par les premières radicules, tant des veines que des lymphatiques, établissent la continuité du système artériel avec le système veineux.

Les *ganglions* sont des corps arrondis, des centres nerveux, qui sont traversés par les vaisseaux lymphatiques.

La digestion, la circulation et la nutrition.

Ceci posé, disons brièvement le jeu des principales fonctions intérieures.

L'aliment, une fois introduit dans le corps, subit bientôt une métamorphose sous l'action des organes digestifs, jusqu'à ce que, liquéfié, animalisé, et devenu *chyle*, les vaisseaux absorbants s'en emparent et l'amènent dans le canal thoracique; puis, mêlé au fluide blanc connu sous le nom de *lymphe*, et à la colonne sanguine veineuse, le nouveau liquide arrive du cœur au poumon pour y subir de nouvelles transformations chimiques par la respiration et retourner au cœur. Alors le fluide, suffisamment élaboré, est versé dans l'appareil circulatoire, qui le porte à tous les organes pour qu'ils y puisent les éléments propres à leur nourriture ou les matériaux indispensables aux fonctions qu'ils remplissent d'après un plan déterminé par la nature. Il est donc de principe, que plus un organe occupe, par son volume, une place considérable dans l'organisme, plus les vaisseaux qu'il renferme ont de capacité et de puissance pour entraîner dans leur mouvement circulatoire les substances organiques qui l'environnent ou se trouvent dans son atmosphère. C'est le fleuve parti du cœur se distribuant dans tous les canaux qu'il rencontre, et laissant dans chacun d'eux une quantité de liquide en rapport avec sa capacité.

Disons, en terminant cet exposé, que le *sang artériel*, d'un rouge vermeil, devient *veineux*, et passe à la couleur rouge noirâtre par l'action de l'acide carbonique enlevé au fluide nourricier et aux tissus vivants dans la profondeur des vaisseaux capillaires. Ce gaz est exhalé par la respiration, qui absorbe une quantité d'oxygène correspondante, pour rendre au sang ses propriétés premières et le faire redevenir propre à entretenir la vie. Il est nécessaire de bien se pénétrer de ces divers phénomènes, car il nous arrivera à chaque instant d'être obligé d'en faire usage.

CHAPITRE III.

PLAN ADOPTÉ PAR LA NATURE DANS LA CRÉATION DE LA VACHE.

Comme tous les animaux qui occupent un rang très élevé dans la série zoologique, la vache est originaire non-seulement des steppes de l'Asie, mais des contrées de l'Europe, les plus favorisées sous le rapport du climat et de la position topographique. S'il existe toujours une coïncidence remarquable entre l'élévation de la température et la perfection organique des animaux, le rapport n'est pas moins frappant entre l'aptitude et le mécanisme des êtres créés ; or la vache est éminemment appropriée, par sa structure, au but que s'est proposé la nature. Symbole de la fécondité par ses puissantes mamelles, elle est aussi, plus qu'aucun autre mammifère, douée d'une organisation propre à l'usage principal que nous en faisons. Elle a été construite sur un modèle convenable pour produire beaucoup de lait, comme les chevaux sont destinés, par la souplesse et la force de leurs organes, à franchir les distances avec vitesse, ou à traîner de lourdes charges pour l'utilité de l'homme. Nous avons beau jeter nos regards sur la plupart des grands animaux qui vivent sur les diverses régions du globe, nous ne voyons pas un seul mammifère qui puisse être comparé à la vache par son type et son organisation intérieure ; et, parmi les animaux domestiques, nous ne trouvons que la chèvre féconde à placer sur la même ligne que la vache, pour son excellence à produire une quantité de lait assez grande pour ne plus paraître en rapport avec les facultés bornées de son petit organisme. Il en est de même sous le rapport du suif, et l'on sait que les ruminants seuls en produisent. Une telle similitude de forme et de structure ne pouvait produire que des résultats semblables dans les phénomènes qui constituent la principale manifestation de la vie de ces deux espèces d'animaux. Que l'on veuille donc bien ne pas perdre ce type de vue, car c'est notre modèle : nous en éloigner, c'est nous mettre, dès les premiers pas, en contradiction avec la nature prise sur le fait même. L'homme est souvent améliorateur, je ne le nie pas ; mais il a une grande maîtresse qui ne se plie pas à ses caprices, quand elle a adopté un plan sur lequel elle a fondé un phénomène bien distinct, comme la production du lait : et cette maîtresse, c'est la nature!

La vache ne se distingue pas seulement des autres animaux par ses appareils glandulaires, veineux, lymphatique et ganglionnaire, mais par l'existence de quatre estomacs disposés pour la rumination, et que l'on appelle le *feuillet*, le *bonnet*, la *panse* et la *caillette*. Sa structure est compliquée en vue de la variété de ses productions. Comme les autres ruminants, elle a le pied fourchu. Les animaux éminemment coureurs ont besoin de posséder leur pied entier, mais les deux doigts étaient nécessaires aux ruminants pour conserver l'équilibre dans les lieux escarpés sur lesquels ils vivaient primitivement, et défeuiller les arbres qui croissaient plutôt sur les sols inclinés que dans les plaines. Cette division du pied permet encore de soutenir sur les sols bas, humides et peu fermes, un corps relativement plus lourd que celui des solipèdes. Comme tous les mammifères ruminants, le front de la vache est aussi armé de cornes soutenues par un axe osseux. Cette partie est le siége d'une grande force, parce que l'exercice fréquent des muscles releveurs de la tête dirige les forces motrices vers l'occiput, point d'attache commun de tous les muscles. La corne, qui paraît avoir ces dernières dispositions anatomiques pour cause productrice, est un instrument qui ne sert pas seulement à l'animal qui le porte pour se défendre contre les autres animaux, mais pour se préserver encore la tête et les yeux du contact des branches d'arbres dans les bois ou dans les forêts.

Les mâles de l'espèce bovine s'appellent *taureaux*, quand ils ne sont pas châtrés, et *bœufs* après la castration. On donne le nom de *taurillons* et de *bouvillons* aux jeunes taureaux d'un an et aux jeunes bœufs qui ne sont pas encore propres à l'attelage. Les femelles portent le nom de *veaux* de six à dix mois, où elles reçoivent le nom de *génisses*. Ellespr ennent le nom de *vaches* quand elles ont donné leur premier veau.

CHAPITRE IV.

DESCRIPTION D'UN TYPE D'EXCELLENTE LAITIÈRE (1).

Tête peu volumineuse, plutôt longue que courte et carrée ; sèche, féminine et éveillée.

Front creux, face large entre les yeux, se retrécissant entre la racine des cornes et ordinairement busquée au chanfrein.

Mufle rond, très gros, frais, humide et recouvert d'une matière visqueuse et jaunâtre.

Naseaux plus petits que grands et bien ouverts.

Lèvres épaisses.

Bouche bien fendue.

(1) Nous devons au crayon si habile et si obligeant de Mlle Rosa Bonheur, le dessin d'un type, reproduit en relief par le burin de M. E. Salle, et qui réunit les qualités que nous détaillons dans ce chapitre (voyez le Frontispice).

Cornes petites ou moyennes, effilées, plates plutôt que rondes, de texture fine, blanchâtres, lisses et peu vivaces.

Œil saillant, à fleur de tête, regard vif, mais limpide et d'une grande douceur.

Paupières fines, bien ouvertes et jaunâtres au pourtour.

Oreilles minces, plus allongées que celles des bêtes de travail et d'engrais, inclinées un peu en arrière avec souplesse, tapissées d'une couche jaunâtre et peu velues à l'intérieur.

Encolure longue et déliée comme celle de la chèvre, et peu chargée de peau dans le bas.

Corps long, ayant la forme d'un œuf, et bas sur jambes.

Jambes fines, celles de devant proportionnellement un peu plus courtes que celles de derrière.

Pied mince comme les os de la jambe et les cornes frontales.

Epaules petites, sèches, souvent obliques et mal attachées, présentant une pointe saillante où se trouve un creux assez large pour y fixer les bouts de trois doigts.

Garrot mince et peu élevé.

Fanon petit et roide dans son milieu, et parfois plissé et flottant un peu en arrière sous la poitrine.

Poitrail maigre, étroit et non arrondi et bas.

Poitrine petite, c'est-à-dire courte, *très resserrée entre les épaules surtout*, et peu profonde.

Côtes courtes, minces et plates plutôt qu'arrondies en forme de cercle à partir de l'échine du dos.

Echine horizontale, sèche plutôt que solidement fournie et arrondie, offrant en outre plusieurs fossettes entre les saillies osseuses des reins et d'une partie du dos.

Cuisses grandes, écartées, présentant de larges surfaces sur les côtés internes et externes, mais peu fournies, et plates plutôt que rondes.

Reins longs, larges et secs.

Croupe étendue surtout dans la région des hanches, mais très peu chargée de chair et plutôt plate qu'arrondie.

Ventre volumineux, sans cependant être hors de toute proportion avec la poitrine, mais bien accusé, arrondi, et comme avalé dans la région de l'avant-lait.

Bassin large, profond et bien développé d'avant en arrière.

Flancs larges et allongés de haut en bas; les bonnes beurrières portent dans cette région une corde lymphatique longue, grosse, dure et bien nette.

Queue mince, cylindrique à l'origine, flexible, longue, et dont le panache tombe fort au-dessous des jarrets.

Peau fine, moelleuse, grasse, souple, mobile, bien détachée et formant de nombreux replis sous la queue, au pourtour de la vulve, de l'anus et de l'ombilic.

Poils courts, peu tassés, doux, fins et bien lustrés.

Mamelles volumineuses, molles et flasques après la traite et élastiques quand elles sont pleines, tombant bien en arrière entre les cuisses, surtout si le pis est en forme de bouteille, ou portées en avant sous forme de gros coussinets, que le pis soit carré ou autrement; recouvertes d'une peau fine, douce, grasse, étendue, s'allongeant comme de la pâte, garnie d'un poil court, fin, soyeux, et sillonnée obliquement ou en zigzag par des veines nombreuses et apparentes.

Trayons assez bien développés, allongés, fort percés, égaux, lisses, érectibles, mous après la traite, gras et colorés comme l'enveloppe du pis, et régulièrement espacés.

Veines du jarret, des cuisses et du périnée, fortes, nombreuses, bosselées, variqueuses ou présentant des gonflements sous une peau très fine.

Les **mammaires** *sous-abdominales*, longues, grosses, ondulées, tortueuses, se bifurquant avant d'aboutir à un creux très distinct sous le ventre, et dans lequel on puisse introduire facilement la première partie du doigt.

En somme, les extrémités fines, les quartiers de derrière larges, écartés, proportionnellement plus lourds que ceux de devant, dont la structure légère doit disparaître devant l'ampleur du ventre ; la charpente osseuse peu chargée de chair et de graisse, surtout aux épaules et à l'encolure ; des formes anguleuses s'harmonisant cependant entre elles dans la plupart des cas, mais rarement assez rondes pour être fort agréables à l'œil ; enfin, le regard à la fois doux et vif, la tête éveillée, l'attitude féminine, la démarche plus pesante que légère, l'ensemble parfait et beau dans son sens : tels sont les caractères qui forment le type de la bonne laitière.

Quoique nombreux, variés, et éparpillés sur toutes les régions du corps de la vache laitière, il est pourtant facile de saisir promptement chacun de ces signes, pour peu que l'on ait l'habitude de se livrer à l'appréciation du bétail. Il est même assez souvent aisé d'apprécier, d'assez loin, le degré d'aptitude d'un animal, ou en le toisant simplement au passage. On trouve rarement, il est vrai, tous ces caractères réunis bien distinctement sur un même sujet ; mais, c'est à celui qui en a fait une étude séparée à se rendre bien compte de la valeur spéciale et relative de chacun d'eux

2.

pour reconnaître l'inconvénient de ceux qui manquent dans la machine à lait telle que la nature nous l'a formée. La plupart de ces signes ne sont pas bons par eux-mêmes, mais par la valeur qu'ils empruntent à des organes qui occupent un rang supérieur dans l'économie. Un ou plusieurs d'entre eux peuvent changer sans être pour cela accompagnés d'aucune modification dans les aptitudes. On s'exposerait donc à commettre de graves erreurs si l'on croyait pouvoir assigner à chacun d'eux une valeur absolue. Pris isolément, ils peuvent fort souvent donner des indications défectueuses, comme les remarques vulgaires que nous voyons consulter sans cesse avec une entière bonne foi. Ce n'est donc qu'en coordonnant les signes entre eux, en les reliant à un ensemble quelconque, que l'on peut obtenir un résultat positif. Il arrive très souvent, pour ne pas dire toujours, que quelques signes négatifs viennent modifier un peu les calculs premiers, mais ils ne sauraient jamais les annihiler.

Les animaux de l'espèce bovine portent partout, et à tout âge, le cachet qui révèle des aptitudes différentes. Il n'est pas nécessaire d'attendre que les mamelles soient développées ou à flot, ni que le taureau ait fourni de ses produits, pour apprécier quel sera le degré d'aptitude d'un animal, et c'est là un résultat d'une grande importance. Il ne faut pas posséder une bien grande expérience du métier pour reconnaître, si toutefois des causes accidentelles ne viennent pas modifier profondément certaines régions de l'animal, quelle sera, au moment de l'utiliser, la forme de la tête, du cou, du poitrail, des épaules, du garrot, de la croupe, des reins, des côtes, du bassin, de la poitrine, et même de la peau du veau qui vient de naître. Le ventre ne se dessine bien qu'un peu plus tard ; mais pourtant cette méthode a cela d'avantageux, qu'elle fournit des caractères beaucoup plus saisissables que ceux de M. Guénon, caractères qui sont loin de bien se dessiner sur un jeune vêle, et que le rasoir peut faire disparaître tôt ou tard quand ils sont défavorables. Il est reconnu que la transmission des formes a lieu dans les familles, même par les ancêtres, et que, par suite, des causes hygiéniques, en influant sur la conformation, peuvent modifier seules, dans certains cas, les aptitudes originelles ; or, que huit jours seulement après le vêlage on compare les veaux de la race Durham avec ceux de la race flamande, les Hereford avec les Ayrshire, et la différence de conformation laitière et d'engrais ressortira immédiatement à l'œil telle à peu près qu'on devra la retrouver plus tard. Ce sont là des choses élémentaires et faciles à vérifier.

M. Guénon peut-il nous venir en aide? peut-il déplacer, dans certains cas, la base de notre méthode, la modifier ou l'anéantir avec son écusson? Voilà une question qui mérite d'être examinée sérieusement avant d'étudier la valeur spéciale et comparative de chacun de nos caractères.

CHAPITRE V.

EXAMEN DU SYSTÈME GUÉNON.

M. Guénon de Libourne (Gironde) a procédé d'une tout autre manière que ses devanciers : il a placé ses indications sur quelques régions de l'animal. Figurez-vous un carré long, limité par les os des tranches dans le haut, par l'extrémité inférieure du pis, et les jarrets dans le bas, et par les bords extérieurs des cuisses sur chacun des grands côtés. Eh bien ! c'est dans le milieu de ce carré, depuis le bas du pis jusqu'au pourtour de la vulve, qu'il a placé son *écusson*, formé de poils qui se dirigent de bas en haut, quand, dans la plupart des animaux que nous connaissons, le poil qui recouvre les parties postérieures du corps a une direction de haut en bas.

Par l'inspection pure et simple de l'écusson dessiné sur les jambes, les cuisses, le périnée et le pis, d'où une partie s'élance encore parfois et s'étend sous le ventre dans la direction du nombril, M. Guénon prétend reconnaître et classer les diverses espèces de vaches laitières, selon : 1° la quantité de lait qu'elles peuvent donner par jour ; 2° le temps plus ou moins prolongé qu'elles le conservent pendant la gestation ; 3° et la quantité de leur lait.

Simple en apparence, ce système est très compliqué.

M. Guénon a divisé, avec une confiance illimitée, les diverses races qu'il a observées en 10 classes ; il subdivise ensuite chaque classe en 8 ordres d'après l'étendue de l'écusson, ce qui forme déjà 80 divisions ; puis, chaque classe est partagée en 3 sections qu'il nomme des *degrés de proportion*, c'est-à-dire de taille ; et comme chaque degré a aussi ses 8 ordres, c'est bien 240 divisions ayant chacune une valeur particulière.

Mais ce n'est pas tout : M. Guénon a encore les vaches appelées *bâtardes*, c'est-à-dire celles qui perdent le lait facilement quand elles ont été livrées au taureau, parce que, dit-il, elles ont des épis près de la vulve. Si on les divise également en 10 classes, et que l'on poursuive le même calcul, on obtiendra de nouveau 240 divisions, et en tout 480 divisions bien comptées.

Quand l'écusson s'interrompt brusquement pour faire dans sa surface un angle, une échancrure, une variation de poils, c'est un mauvais signe, d'autant plus défavorable que cette irrégularité, qu'il appelle encore *épi*, sera plus grande. Toute solution de continuité de poils en sens contraire qui empiète sur l'écusson amoindrit également le rendement en lait, influe sur sa durée et même sa qualité. L'*épi ovale*, seul, a une valeur lactifère très appréciable quand il se trouve sur le pis.

Une vache sera d'autant meilleure laitière : 1° que son écusson occupera une large surface dans les parties que j'ai indiquées en commençant ; 2° que le pourtour de l'écusson formera les lignes les plus régulières sans échancrures et poils rentrants ; 3° enfin que les pellicules grasses et onctueuses, comme du menu son, que l'on peut enlever avec l'ongle sur l'écusson, seront abondantes.

Ce dernier signe, disons-le en passant, la finesse et le moelleux de la peau, ainsi que le luisant du poil, appartenaient à la pratique bien avant la découverte de M. Guénon. On savait également avant lui que le poil doux, soyeux, gras au toucher, tel qu'il le veut, et une crasse jaunâtre au pourtour des ouvertures naturelles, indiquaient surtout une bonne beurrière.

On n'est pas bien d'accord sur les causes qui déterminent

la formation de l'écusson. Les uns, comme M. Girou de Buzareingues, attribuent la direction remontante du poil à la pesanteur du lait dans les mamelles, et à la traite; tandis que les autres, comme M. Magne, prétendent, au contraire, qu'elle est subordonnée à la direction du sang artériel. Je n'ai pas la prétention de trancher la question si savamment discutée par ces deux agronomes distingués; toutefois l'étude que j'ai faite du système Guénon me permet de croire que l'écusson est produit par ces deux causes à la fois. Si l'effet mécanique propre au cours suivi par le sang artériel et à la traction opérée par le lait et sa mulsion, ne me disaient pas qu'il peut en être ainsi, les résultats lactifères produits sur les mamelles par les différents écussons suffiraient pour me convaincre que ceux-ci tiennent de ces deux systèmes, puisqu'ils ont les qualités et les défauts qui leur sont inhérents.

M. Guénon prétend donner à son système une exactitude mathématique que je me crois en droit de contester sous bien des rapports et pour bien des raisons. L'expérience m'a souvent prouvé, et j'entends dire à chaque instant par des hommes pratiques sérieux, qu'à part l'impossibilité de se retrouver dans les nombreuses complications où l'auteur a noyé sa méthode, le mérite de l'écusson est très exagéré pour le plus grand nombre des cas. M. Guénon a pu croire, de bonne foi, que toutes les divisions qu'il a créées, que tous les dessins qu'il a fait tracer sur le papier par la main de l'artiste, sont très saisissables et se reproduisent exactement sur tous les animaux de l'espèce bovine; mais, c'est là une erreur : la nature s'exerce à toute heure, par des combinaisons imprévues, à revêtir les formes extérieures qui lui plaisent, et personne, à coup sûr, ne parviendra à l'emprisonner ! De même qu'il n'y a pas deux êtres vivants qui offrent une exacte ressemblance, de même aussi est-il très rare, pour ne pas dire impossible, de rencontrer deux écussons absolument semblables par la forme du dessin et l'étendue. On ne saurait donc, conséquemment, attribuer un rendement normal, mathématique, à chaque classe et à chaque ordre.

Examiné sous ce premier point de vue seulement, le fait critique que je signale est déjà incontestable.

Vrai en principe, ce système, qui est loin d'être justifié pour les taureaux, est également loin d'être toujours exact et vrai dans son application aux vaches laitières. L'écusson peut être transmis par voie de génération, surtout s'il vient originellement de formation ancienne, quoique les qualités laitières ne le soient pas ; et, d'un autre côté, une vache peut n'avoir qu'un écusson restreint et être une très bonne laitière. C'est ici que nous voyons l'influence des formes, si dédaignées par M. Guénon, sur la production du lait. En effet, il va être démontré qu'une poitrine peu ample, sanglée entre les épaules, et un ventre très spacieux, sont deux conditions éminemment favorables à la sécrétion du lait, tandis qu'une poitrine large et profonde est tout à fait contraire à cette sécrétion, surtout quand le ventre est peu volumineux. Or ne s'ensuit-il pas qu'une vache peut posséder héréditairement les parties postérieures de la mère comme marque favorable ou structure ? les imperfections intérieures du père ou de ses ancêtres ? et le devant très large transmis par l'étalon ? Une alimentation très nutritive, sous un petit volume, ne peut-elle pas avoir eu pour résultat de développer dans le jeune âge les forces respiratoires, ou, ce qui revient au même, les facultés assimilatrices, au préjudice des fonctions qui fécondent les mamelles de l'animal ? Une vache peut être excellente laitière, quoique plus ou moins pourvue d'écusson, avons-nous dit en second lieu, et rien n'est plus vrai que cette assertion facile à comprendre. En effet, une bête peu tètre bonne laitière si elle provient d'un taureau issu de bonne race, quoique la mère soit d'une race médiocre et mal marquée comme sa fille ; semblable au père par le derrière, l'animal peut encore posséder les qualités antérieures de la femelle bonne laitière ; enfin, et ce n'est pas là la moindre cause à produire, une alimentation abondante et peu nutritive, administrée régulièrement pendant la croissance, peut avoir eu pour résultat de modifier l'organisme au point de donner à l'animal deux qualités lactifères qui lui manquaient dans l'origine, à savoir : le volume du ventre et le peu d'étendue de la poitrine. Les cas que je suppose ici se produisent si communément, qu'il n'est pas nécessaire de faire de bien longues recherches pour les rencontrer. Il y a en ce moment, dans la ferme de mon père, une flandrine de quatrième ordre (taille moyenne) marquée d'un épi de 5 centimètres de large, descendant presque jusqu'à la naissance du pis, et de deux fortes échancrures sur les cuisses, quand l'auteur n'en constate qu'une dans cet ordre, ce qui constitue déjà deux anomalies flagrantes ; or, cette vache serait cotée à 9 litres d'après la classification de M. Guénon, et perdrait son lait après quatre mois de gestation. Eh bien ! elle donne largement 32 litres de lait par jour, et conserve son lait pendant sept à huit mois. Pourquoi ? Parce qu'elle a la poitrine étroite, le flanc large, le ventre volumineux, la peau fine, beaucoup de largeur et de longueur dans les reins et la croupe ; en un mot, parce qu'elle réunit toutes les formes laitières. Mais voici le plus curieux de la chose : il y a à côté d'elle une flandrine de deuxième ordre (taille moyenne), et cotée à 15 litres, quand elle n'en a jamais donné plus de 6 par jour ; or cette vache n'est pas pleine, et cependant elle ne donne plus une goutte de lait avant de la mettre à l'engrais. Savez-vous pourquoi, Monsieur Guénon ? Parce que sans être fort large, sa poitrine est très longue et très profonde, et qu'elle a la peau épaisse, un flanc étroit, le ventre levretté, le derrière très étroit, et qu'elle est haut montée sur jambes.

Ainsi, l'écusson est héréditaire et invariable, mais les formes ne sont pas soumises à ses lois, comme elles ne sauraient elles-mêmes le soumettre aux leurs. Les aptitudes diverses relèvent donc, avant tout, des combinaisons génératrices et des influences hygiéniques, indépendamment de l'écusson, dont la présence peut être regardée toutefois comme très utile, sur une mauvaise laitière que l'on voudrait appareiller avec un taureau excellent et issu de bonne race. Ce signe lactifère n'est complet et d'une valeur bien tranchée que dans les familles où les formes laitières sont anciennes, permanentes et héréditaires. Il est déjà loin d'en être de même dans les races, à moins toutefois que l'on ait soin de choisir, pour les accoupler, deux individus réunissant au même degré les signes et les qualités recherchées. Hors de là, on est susceptible de se tromper souvent, si l'on ne consulte que ce seul caractère.

Ces diverses considérations, sur lesquelles nous appelons le jugement des hommes compétents, ainsi que la trop grande quantité des figures décrites ou impossibles à décrire à cause du nombre et de la variété des dessins qui peuvent se produire en dehors de toute classification, l'augmentation apparente de l'écusson chez les vaches et les génisses grasses, et chez celles qui se préparent à faire leur veau ; puis enfin, le rendement toujours subordonné à la taille, à la nourriture, à l'âge et au nombre des veaux : tout cela nous engage encore plus à ne pas trop nous éloigner de notre terrain pour suivre pas à pas M. Guénon dans tous les sentiers perdus où il lui plaît de vouloir nous conduire trop résolûment.

Mais ce n'est pas tout. S'il n'est point rare de rencontrer beaucoup de vaches dont les écussons se refusent à entrer dans la classification de l'auteur, il est encore d'autres principaux types que le praticien a oublié de mentionner dans sa dernière publication. Ainsi, nous cherchons en vain dans son traité les écussons à trois ovales (petites plaques de poils descendants situées derrière les trayons postérieurs) ; et cela me paraît excessivement fâcheux, puisqu'il se trouve que les vaches qui les portent peuvent ordinairement être mises hors de ligne pour leurs qualités laitières. Si j'ai rencontré des vaches privées d'ovale dont le rendement allait jusqu'à 35 litres par jour, ou des bâtardes qui en étaient pourvues et qui perdaient leur lait quatre mois après avoir été livrées au taureau, je dois dire aussi que j'ai plus souvent constaté ces caractères sur des vaches boulonnaises et flamandes qui donnaient jusqu'à 30 litres de lait dans les premiers mois de leur vêlage, et qui conservaient le lait jusqu'à la fin de la gestation.

Est-ce négligence ou oubli de sa part ? Je l'ignore. J'ignore encore pourquoi il préfère les petits ovales aux grands, et ne donne à ce signe qu'une importance secondaire, deux choses qui paraissent également en contradiction avec le principe qui forme la base de sa méthode.

M. Guénon est-il plus dans le vrai quand il ne veut pas d'ovales sur les taureaux reproducteurs, après les avoir admis sur les femelles ? Je ne le crois pas. Il résulte même d'une belle série d'observations faites à Grignon, sur les ovales, par mon ami Lemaire, et consignées dans l'*Argus des haras*, journal dirigé par un homme très distingué, M. de Nabat, que M. Guénon a émis une assertion tout à fait contraire à la vérité.

Hâtons-nous de le dire, cependant, car il faut bien rendre à César ce qui appartient à César, l'écusson est un des nombreux signes dont la connaissance est indispensable, et à l'aide desquels on peut apprécier les qualités laitières d'une vache, quoique certes il ne soit pas le meilleur. Il peut même, dans certains cas, devenir le plus faux si on le regarde comme infaillible. Le traité de cet ingénieux observateur contient bien des vérités essentielles qu'il n'est plus permis d'ignorer ; mais il faut débarrasser ces vérités des erreurs, des assertions douteuses, souvent même insignifiantes, qui les obscurcissent, les compliquent, les altèrent et les rendent inabordables aux intelligences ordinaires. Nous pouvons trouver un signe d'une valeur très importante dans l'écusson au moyen de la classification pratique que le savant professeur, M. Magne, a mise en rapport avec les données de la science, mais à la condition toutefois de ne cesser d'en faire une application sensée en le combinant indispensablement avec les caractères de conformation. M. Guénon prétend cependant, pour donner plus de valeur à son écusson sans doute, que *les formes n'influent pas essentiellement sur la production du lait.* On comprend dès lors que le désaccord devienne ici plus éclatant encore, puisque, *contrairement à lui, je fais entrer toutes les formes* dans ma méthode d'appréciation. Comment ! les meilleurs bœufs de travail, les bonnes bêtes d'engrais, ont des formes particulières qui les distinguent très bien entre eux, et l'on n'admettrait pas franchement, quand cela est, que les meilleures vaches laitières sont douées d'une forme spéciale qui favorise une production abondante de lait ! Ceci serait par trop étrange ! M. Guénon ne nierait pas si légèrement l'influence de la forme, s'il avait étudié à un point de vue plus large nos meilleures races, *nos machines à lait*, et comparé, par exemple, les laitières flamandes, boulonnaises, bretonnes, hollandaises, etc., avec les races d'engrais de l'Agenais, du Poitou, ou avec les races de travail de la Bourgogne, de l'Auvergne et de la Gascogne. Selon lui, il s'agirait de proscrire, sans répit, la poitrine étroite, le ventre volumineux, le flanc prolongé, les côtes plates, les os saillants, etc.; en un mot, *les vaches qui ne plaisent point à l'œil*, et qu'il désigne sous la dénomination de *vilain type ;* il faudrait s'empresser de chasser la hollandaise et de faire repasser la mer à la petite race anglaise du comté d'Ayr, excellente laitière qui ne serait pas non plus un très beau type. Et, à cette occasion, on me permettra de rappeler, pour mémoire, une petite vache ayrshire provenant de l'Institut agronomique de Versailles, et envoyée par le gouvernement à l'école d'agriculture de la Saulsaie (Ain). Cette vache, qui donnait 20 à 25 litres de lait par jour, aurait été cotée à 12 litres par M. François Guénon, toujours à cause de son vilain type, sans doute (1). C'est la seule petite vengeance que je regrette d'exercer contre un homme qui, bien sûr, a beaucoup de mérite !

Certes, je suis loin d'être insensible aux attraits de la beauté : j'aime les formes qui flattent agréablement l'œil, et je voudrais admirer dans les vaches laitières *des hanches peu saillantes*, *une queue grosse à la naissance*, *et fine en approchant du panache*, *des épaules larges*, *un cou court et plein*, *des flancs étroits*, *une poitrine ample*, *profonde et arrondie*, *et un fanon élégant*; mais, il m'a été impossible jusqu'à ce jour, malgré la meilleure volonté du monde, de rencontrer ces beaux caractères de conformation dans nos meilleures races laitières, et il faut bien les prendre telles qu'elles sont. C'est qu'il y a incompatibilité complète entre le signalement de ces dernières et celui des meilleures bêtes d'engrais et de travail dont les mamelles ne peuvent parfois suffire à l'élevage de leurs veaux. Cela est fâcheux, très fâcheux, mais qu'y faire ? Rien, sans doute ; à moins de s'en prendre à la nature, et de l'accuser d'imprévoyance, en espérant mieux. Hélas ! rien de parfait dans ce monde ; mais

(1) Ce fait nous a été affirmé par un élève de cette école.

toute chose a sa place, son utilité, et l'homme qui fait une découverte est exigeant et toujours disposé à s'agenouiller devant elle ou à la porter aux nues. Cependant on comprend cette douce faiblesse de la nature humaine, et on l'excuse comme on pardonne aux pères de s'extasier devant leurs enfants!

CHAPITRE VI.

TEMPÉRAMENT.

Les rapports des organes entre eux, les différents degrés d'aptitude ou d'énergie d'un ou plusieurs organes dont l'action propre, combinée avec une tendance ou un système, peut modifier considérablement l'économie animale : telles sont, en principe, les causes qui déterminent ce que l'on est convenu d'appeler le tempérament. Trois états constitutionnels caractérisent principalement les grands animaux par leur action générale et immédiate sur l'organisme : le *système sanguin*, le *lymphatique* et le *nerveux*. Quoique souvent un système domine sur l'autre, au point d'imprimer une physionomie spéciale à l'organisation, l'observation de la naure nous prouve qu'il est rare de rencontrer dans un état parfait de pureté l'un ou l'autre de ces tempéraments. Or, puisqu'il en est ainsi, ne serait-il pas permis de sortir un instant des limites étroites imposées à la nature par les divisions absolues des auteurs anciens et modernes, et d'imposer une dénomination qui indiquât mieux les caractères organiques qui distinguent les types généraux dans chaque espèce et dans chaque race? Ne pourrait-on pas donner le nom de *tempérament sécréteur* à cette conformation particulière, à ce système organique qui, chez certains mammifères, favorise spécialement le travail des glandes mammaires au détriment de la force musculaire, de la graisse et des os de la machine animale? Si l'état *nerveux* caractérise principalement la chèvre, le *système lymphatique* ne domine pas moins dans l'animal qui sécrète la laine, et le *veineux lymphatique* dans les meilleures vaches laitières. L'allure plus calme que vive, le volume du ventre, les chairs molles, les muscles peu puissants ; en un mot, la physionomie générale de la bonne laitière n'indique-t-elle pas que les forces digestives de celle-ci sont plus développées que les facultés respiratoires? Que sous l'influence de cette constitution dont il faut rapporter la cause principale à une alimentation herbacée, la transformation du sang veineux en sang artériel a dû être moins facile, et que les veines, les vaisseaux lymphatiques ont dû gagner en nombre, en étendue, en activité, en puissance, ce qu'ont perdu les artères dont le courant rapide est favorable à l'assimilation et contraire à la sécrétion du lait, comme je le prouverai dans le cours de mon ouvrage?

Des expériences faites par plusieurs physiologistes distingués ont prouvé que, malgré l'affluence des sucs laiteux, les artères glandulaires n'augmentent pas ou presque pas de calibre. Il faut donc bien se pénétrer de cette vérité : c'est que le système artériel n'est soumis qu'à la puissance élaboratoire du poumon, d'où dépendent les facultés assimilatrices, et qu'il subit peu de modifications sous l'influence des organes sécréteurs; tandis que les veines, les vaisseaux lymphatiques et les capillaires varient en nombre et en force, d'après les formes, les différents degrés d'aptitude et la masse du sang, toujours en raison du volume et de la qualité des matières organiques élaborées par l'estomac. Ici les veines semblent changer de rôle et n'être plus si spécialement des canaux conducteurs comme les artères qui occupent une place bien moins considérable dans l'organisme, mais des réservoirs dont les facultés augmentent avec celles des organes sécréteurs. C'est là ce qui explique pourquoi les veines et leurs annexes ont un si grand développement chez les bonnes laitières, dont l'organisation si parfaite, si compliquée, les place au rang des animaux les plus intéressants de la création.

Ainsi, puisqu'il est constant que chez les sujets à tempérament veineux-lymphatique, les forces digestives sont proportionnellement plus développées que les forces respiratoires, il est évident que cette organisation, qui permet en même temps la consommation d'une grande quantité d'aliments, sera d'autant plus favorable à la sécrétion laiteuse que la conformation restreinte de la poitrine sera nuisible à l'élaboration du sang, c'est-à-dire à l'assimilation. Aussi ne suis-je plus étonné quand j'entends dire maintenant que les vaches maigres ont, relativement à leur poids, plus de sang que les vaches grasses. Il en est de même des bonnes vaches opposées aux mauvaises. Dans celles-ci, les veines, les ganglions, les vaisseaux lymphatiques et capillaires ne se replètent pas de la même quantité de sang, et la sécrétion laiteuse subit une diminution proportionnelle.

CHAPITRE VII.

POITRINE.

Influence de cet organe sur la formation du lait, de la chair musculaire, de la graisse et du suif.

La poitrine a trois dimensions principales dont il faut tenir un compte exact dans notre mode d'appréciation : la hauteur, la largeur et la longueur.

La poitrine est d'autant moins profonde, que le poitrail est peu descendu et peu éloigné du garrot. Sa longueur se mesure sur celle de la région dorsale limitée postérieurement à l'attache de la dernière côte, d'où il suit que sa capacité dépend plus de la forme que de son contour. Si le dos est court et qu'en même temps les reins et les flancs soient très longs, c'est que la poitrine est proportionnellement plus courte que la région abdominale. Quant à la largeur du thorax, il est facile de la mesurer au premier coup d'œil ; lorsque la cage est resserrée entre des épaules fort rapprochées, le garrot, les coudes et les régions inférieures, que les côtes sont déprimées à partir de l'épine dorsale, il est évident qu'elle a moins de contour et de capacité que si elle était en forme de tonneau, et que les poumons renfermés dans cette cavité n'ont pas un fort volume.

J'ai rencontré assez souvent des personnes disposées à nier ou à combattre la nécessité d'une poitrine courte, peu profonde, sanglée derrière des épaules minces, par suite de ce vicieux préjugé des campagnes, qui prétend à toute force placer de larges et solides épaules en tête des qualités qui se recommandent principalement à l'attention de l'acheteur; mais, d'un autre côté, des cultivateurs intelligents m'ont avoué de bonne foi qu'ils avaient toujours remarqué notre caractère principal dans les meilleures vaches de leurs étables, bien qu'il diminuât la beauté des formes.

Attaqué sur le point le plus important de notre méthode, je me suis appliqué constamment à creuser en tous sens la question controversée pour trouver l'explication physiologique du fait pratique. Mes recherches ont été longues et pénibles, mais le succès que j'attends de leur publication récompensera sans doute mes labeurs. On me fera peut-être le reproche, un peu mérité, d'avoir fait trop de science, mais je répondrai que j'ai trouvé en elle une source féconde d'arguments, et que je n'ai pu résister au désir de les utiliser. Non, certes, dans le but d'étaler aux yeux du lecteur un vain appareil d'érudition, mais dans l'espoir de trancher la question d'une manière assez concluante pour laisser le moins d'espace possible à la réplique.

L'illustre Cuvier a fait un jour, d'une grande vérité, un axiome laconique, en disant : « La force musculaire est toujours en raison de la respiration. » Il est donc de principe que le volume du poumon est toujours en rapport avec la capacité du thorax, et par conséquent variable comme lui; or le volume de l'organe respiratoire doit mesurer le degré d'énergie de la respiration, comme celle-ci doit, d'après l'orde des choses, servir de mesure à la vigueur musculaire qui coïncide ordinairement dans le fait, avec de larges et puissantes épaules, des formes rondes et vigoureuses, et souvent aussi avec des os très développés, comme nous le voyons dans les races de *haut cru* qui peuvent bien donner un lait riche en caséum pour la plupart, mais toujours peu abondant. Chez ces derniers sujets à large et profonde poitrine, mise en mouvement par des muscles volumineux, au flanc étroit, les forces assimilatrices dominent puissamment sur les forces sécrétoires, et les matériaux employés à la réparation comme à l'accroissement des tissus musculaires et osseux sont perdus pour la sécrétion du lait. Le sang est placé entre des fonctions qui le forment et des fonctions qui le dépensent, selon l'expression de M. Bérard; or, si la respiration n'atteignait pas un degré de puissance assez élevé pour le rendre propre à être incorporé aux parties vivantes, les organes sécréteurs trouveraient une plus grande quantité de matériaux utilisables dans le liquide qui occupe le centre de la vie végétative. On atteindrait encore un résultat à peu près semblable avec des poumons plus puissants, comme ceux des races schwitz, fribourgeoise, normande et autres; mais il faut, dans ce cas, que le ventre soit de beaucoup proportionnellement plus développé que la poitrine : si la quantité des matériaux digérés dans un temps donné ne peut être rendue assimilable dans le même laps de temps, les mamelles trouvent dans le sang une plus grande quantité de substances propres à faire du lait. Sauf la différence dans les conditions qui le produisent, nous retrouvons ici le même phénomène. C'est qu'il faut bien le reconnaître et le proclamer avant tout : le sang n'a pas besoin d'être de la *chair coulante*, pour fournir des matériaux aux glandes préposées à la sécrétion du lait, quand il doit avoir subi une transformation suffisante, sous l'influence de l'appareil respiratoire, pour être associé au partage des propriétés vitales. Et ici, je me hâte de le dire, je suis heureux de me trouver d'accord avec la nature, puisque parmi les mammifères ce sont les ruminants qui ont relativement la plus petite poitrine, et l'on sait que leurs femelles donnent plus de lait et le maintiennent plus longtemps que tous les autres animaux.

Un nourrisseur de Paris me disait dernièrement qu'il ne craignait pas d'acheter des vaches qui devenaient *pommelières*, parce que, disait-il, elles peuvent encore vivre quelques années, et l'altération du poumon, quand elle n'est pas trop avancée, loin de diminuer la production du lait, l'augmente d'une manière sensible. Si les lois de l'hygiène me font réprouver ce raisonnement, je ne trouve pas moins qu'il contient une vérité qu'il est très bon de constater ici. On sait aussi, que si l'on altère les poumons d'une oie par une privation suffisante de lumière, d'air et d'espace, et sous l'influence de la chaleur, d'une nourriture abondante et substantielle, cet oiseau maigrit, son foie devient plus gros, plus huileux, et acquiert un volume énorme. Dans ce cas, comme dans le premier, c'est encore par la diminution de la respiration que s'est développé un surcroît de sécrétion dans l'organe qui forme la bile, et ce au détriment de l'appareil sécréteur de la graisse générale du corps.

Mais si ces considérations, puisées aux sources vives de la science, ne suffisaient pas, si l'on niait les enseignements que la pratique nous fournit journellement sur l'influence défavorable qu'une trop vaste poitrine exerce sur les glandes lactifères, nous pourrions nous adresser à la chimie pour avoir la solution définitive de ce problème. Cette science nous répondrait que la substance la plus animalisée du lait, la caséine, conserve cependant un caractère végétal azoté que l'on retrouve bien dans certaines plantes, mais non dans la chair musculaire, quoique MM. Liebig et Dumas aient constaté son analogie avec la fibrine, qui renfermerait un peu plus d'azote et un peu moins de carbone, selon ce dernier et illustre savant. Le beurre lui-même, quoique contenant de l'oléine et de la stéarine, diffère cependant aussi, par ses principes végétaux, des autres graisses animales avec lesquelles il a des points importants de ressemblance. Que cette analogie existe ou non entre ces diverses substances, même à un degré très élevé, il n'en est pas moins vrai que le lait forme un composé chimique plus végétal qu'animal, incapable d'entrer dans les tissus vivants pour y être incorporé avant d'avoir subi de nouvelles élaborations respiratoires et digestives, et je m'empare de cette différence essentielle. Or, un vaste et puissant appareil respiratoire *qui détruirait une grande quantité de matières combustibles en introduisant beaucoup d'oxygène dans l'organisme*, ou *qui rendrait la substance commune assimilable en la transformant*, *en l'animalisant assez fortement pour la rendre semblable aux molécules qui composent les parties charnues*, diminuerait conséquemment les produits de la sécrétion lactée; d'où je tire cette éternelle conclusion : La richesse des fibres musculaires, de la graisse, etc., existe toujours au détriment du lait, et *vice versâ*. Cela dépend constamment de la force particulière à chaque mécanisme d'appropriation dans le jeu de l'économie (1).

Examinons maintenant, puisque l'occasion se présente naturellement, deux systèmes toujours en présence, et qui divisent encore, à l'heure qu'il est, les savants et les agriculteurs pratiques. Nous trouverons l'occasion de faire ressortir de cet examen des aperçus précieux sur la production du lait.

Parmi les antagonistes, les uns prétendent que l'engraissement est plus prompt, plus facile, dans une position qui favorise la respiration, que dans des étables peu aérées qui produisent un effet contraire sur l'organe respiratoire. Pour être conséquents avec leur principe, ceux-ci recherchent une poitrine large, profonde et longue dans les bêtes qu'ils veulent engraisser; les autres viennent soutenir en même temps que les bestiaux à l'engrais font mieux dans une atmosphère un peu chaude et humide, — ce qui est vrai pour le lait, — que dans une atmosphère froide ou sèche qui favorise la respiration. Cette dernière manière de voir conduit logiquement à la nécessité d'une poitrine peu ample pour obtenir de prompts résultats dans l'engraissement.

La question discutée sous un point de vue pratique et chimique trop restreint, les contradicteurs ont dû tourner dans

(1) Mon ami Lemaire a publié de beaux travaux sur cette question, et je suis heureux de rendre hommage au talent dont il a fait preuve dans la démonstration de ces vérités. Dois-je dire maintenant que c'est avec le regret le plus profond que je vais être obligé de me trouver en complet désaccord avec lui dans toute la suite de ce chapitre, c'est-à-dire sous le rapport de l'engraissement?

un cercle faux et aboutir à des erreurs ou des malentendus. Pour faire cesser cet état de choses nuisible à l'industrie du bétail, il me suffira, je pense, de bien rétablir la question controversée et de recourir ensuite à quelques principes chimiques et physiologiques basés sur l'observation méthodique des faits que nous fournit journellement la pratique. Les progrès faits par ces deux sciences, dans ces derniers temps, auraient dû nous faciliter, sinon nous donner la solution de ce problème, qui semble relégué dans la catégorie des questions insolubles.

Une atmosphère tempérée exerce une influence avantageuse sur la laitière et l'animal à l'engrais, sans aucun doute, tandis que le chaud, et surtout le froid, sont nuisibles à la formation du lait et de la graisse par la gêne continuelle qu'ils occasionnent. Dans une position douce et égale, le bétail reste calme, plus à lui-même; il se repose mieux; les tissus ouvrent plus facilement leurs mailles pour recevoir des matériaux convenablement élaborés ; et alors point de déperdition de matières utilisables, causée, soit par l'excès d'évaporation cutanée et pulmonaire, soit par la précipitation de la décomposition organique. Voilà un point assez important hors du débat.

Il s'agit maintenant de s'entendre sur les mots *chair*, *graisse* ou *suif*, et d'établir l'action organique qui détermine la formation de ces diverses substances.

La chair musculaire, dont la richesse augmente avec l'extension des fibres qui la composent, est une substance très azotée dont la fibrine constitue la base. La graisse, dont la consistance varie selon les animaux et le genre de nourriture, est une substance dont la composition chimique a subi le travail de l'appareil sécréteur qui lui est propre, et qui tient le milieu par son degré d'animalisation entre la fibrine et le lait. Comme ce dernier liquide, elle est susceptible de prendre l'odeur et la saveur des aliments dont on fait usage dans l'engraissement, elle ne contient point d'azote, et l'on sait que ce sont les matières animales qui sont les plus azotées. Composée d'oléine et de stéarine, en principes immédiats, elle a une frappante analogie avec le beurre et les huiles des végétaux. Un savant chimiste qui fait autorité dans cette matière, M. Chevreul, a avancé même que la graisse paraît dépendre de quelques traces analogues à la butyrine. Le suif ne diffère de la graisse que par les principes immédiats qui n'existent pas partout dans les mêmes rapports; ainsi la stéarine, étant plus abondante dans une région, donne à la graisse de cette région une consistance particulière que l'on ne remarque pas ailleurs.

La quantité de substances grasses qui s'accumule dans l'organisme est-elle plus considérable que celle contenue dans certains aliments soumis à la digestion? Cette question a été traitée diversement par des hommes qui occupent une haute position dans la science; aussi il me prend d'autant moins l'envie de chercher à la résoudre, que sa solution m'importe peu. Du reste, il n'y a pas seulement que les corps gras qui font de la graisse et du suif, matière qui ne se compose pas seulement d'oléine, mais de plusieurs autres principes dont l'analyse chimique nous a révélé en partie l'existence. La *fécule*, le *sucre*, la *gomme*, peuvent se transformer en acide lactique d'abord, et en *acide butyrique* ensuite, pour arriver à l'état de *graisse*; ces transformations se produisent dans les cornues des chimistes, pourquoi ne se reproduiraient-elles pas dans les animaux, dont chaque appareil est, pour ainsi dire, un laboratoire? Les féculents, pour se transformer en glucose, ne sont-ils pas modifiés dans leur constitution chimique? La fibrine n'est-elle pas, selon M. Schérer, de l'albumine qui a subi un degré plus élevé d'oxydation? Pourquoi les ruminants seuls produisent-ils du suif, si l'on n'admet pas que des instruments essentiels, des fonctions spéciales peuvent dénaturer, modifier la nature chimique de certaines substances assimilables au point de changer leur destination première? Pourquoi ne pas admettre de la part des organes qui sécrètent la graisse un travail analogue à celui des glandes mammaires à l'égard du sang, quand d'ailleurs ces organes se rapprochent particulièrement par leur texture spongieuse et cellulaire? Enfin, ne paraît-il pas ressortir des expériences récentes de MM. Dumas, Boussingault et Payen, que tous les produits variés qui ont subi des transformations diverses dans l'économie animale ne sont que des conséquences de la combustion vitale portée plus ou moins loin; combustion qui oxyderait davantage les matières organiques et enlèverait à ces composés une certaine proportion de carbone ou d'hydrogène? Du reste, si la science elle seule ne peut suffire à donner la raison de ce phénomène après l'avoir soumise aux investigations les plus scrupuleuses, c'est à l'observation éprouvée par les faits à faire pencher la balance. Aussi, suis-je parfaitement de l'avis de ce cultivateur auvergnat qui a dit, par expérience, que les aliments amylacés du porc ne contenaient pas autant de graisse que l'animal en forme. Ces explications une fois admises, la solution du problème nous offrira plus d'intérêt qu'auparavant. On va voir sous quelles conditions les animaux de l'espèce bovine seront le plus aptes à former, soit de la chair musculaire, soit de la graisse ou du suif, si l'on supprime la sécrétion qui forme le produit le moins animalisé : le lait.

Supposons tout d'abord un animal dans un état d'embonpoint assez médiocre, mais dont la poitrine est vaste et puissante, et nous en conclurons premièrement, surtout s'il est placé dans un endroit fort aéré, qu'il fera de la chair musculaire plutôt que de la graisse. En effet, si la respiration est très active, la circulation participe à cette activité : la molécule organique de la fibrine, à l'état d'inertie dans le sang, opérera rapidement son passage dans les molécules organisées de la fibre musculaire ; la transformation du sang veineux en sang artériel n'aura pas été assez lente, dans ce cas, pour permettre aux organes sécréteurs de la graisse ou du lait de détourner une partie des matériaux communs, pour en modifier la nature chimique et se les approprier ; le tissu cellulaire n'entrera dès lors complétement en fonction que lorsque les muscles, suffisamment abreuvés de sucs et fermes, auront acquis un volume assez considérable, comme cela a lieu dans les animaux sanguins dont le ventre est ordinairement peu volumineux. On sait d'ailleurs que la combustion respiratoire a lieu, non-seulement à la surface des poumons, mais par les capillaires, dans toutes les profondeurs de l'économie, et que la quantité d'oxygène inspiré, source de la circulation plus ou moins rapide du sang, de sa coloration et de sa richesse, est proportionnelle à la capacité de la poitrine : or, si l'organe respiratoire est vaste et énergique, l'animal pourra convertir un poids donné d'aliments en une plus grande quantité de nourriture qu'un autre qui aura de petits poumons, je ne le nie pas; mais, d'un autre côté, les matières grasses seront modifiées au profit de la chair et des os. Il y aura en même temps destruction d'une plus grande quantité de matières combustibles dans l'économie, et conséquemment dans les capillaires sanguins qui aboutissent à toutes les régions du corps où la graisse va se déposer, comme aux environs des reins.

Nous disons que le sang sera rendu assimilable en raison de la rapidité de son cours et de la chaleur dégagée par le mélange facile de l'acide carbonique avec l'oxygène, conditions qui influent défavorablement sur la formation de la graisse ou du lait ; or, les résultats déduits de l'observation des faits viennent corroborer ces principes. En effet, l'expérience nous a prouvé depuis longtemps que les aliments les plus riches en principes nutritifs sous un petit volume, qui développent beaucoup de chaleur animale, tels que l'avoine, les gesses, les fèves, les pois, les féveroles, etc., accélèrent le mouvement nutritif diminuent les produits des sécrétions; tandis que les organes préposés à la formation du lait ou de la graisse s'accommodent et font leur profit de l'herbe des prairies grasses, du trèfle, du sainfoin, de l'orge, des tourteaux, de la pulpe, du maïs, de la pomme de terre, du son, de la carotte, etc., nourriture moins excitante qui diminue l'action des absorbants, et rend les exhalations plus débiles. C'est encore en vertu de la faculté qu'ont les animaux de modifier ou de changer la direction du travail d'assimilation, soit par eux-mêmes, soit à l'aide des influences atmosphériques, que la chair des oiseaux qui voyagent n'est pas aussi tendre que celle des oiseaux de nos basses-cours ; que les bœufs âgés, dont la respiration s'affaiblit, font plus de suif que les jeunes, qui, par une raison contraire, se chargent plus particulièrement de graisse sous la peau ; que le jaune d'œuf, c'est-à-dire la graisse, est relativement plus volumineux dans les petites poules que dans les grosses, qui font de la matière plus animalisée, c'est-à-dire de l'albumine ; que les bouchers de Paris préfèrent une peau épaisse, accompagnement ordinaire d'une poitrine ample et d'un ventre peu volumineux, parce qu'alors la chair est plus massive et plus lourde, à volume égal ; que les muscles des animaux de travail à la poitrine très ample, au cuir épais, ressortent très énergiquement au détriment de la graisse, à la formation de laquelle ils sont peu aptes ; que la chair des chevaux et des taureaux est fibreuse, coriace, massive et solide ; que la castration opérée sur des jeunes mâles de l'espèce bovine et ovine qui n'ont pas atteint tout leur développement rend la chair de ces animaux plus tendre et plus juteuse ; que la taurellière a peu d'intérieur et beaucoup d'extérieur, et qu'en Normandie on appelle *bœufs de haut cru* ceux dont le cuir est plus fort, le fanon plus considérable, et qui donnent moins de suif. Enfin, chez les hommes dont le thorax est très développé, tels que les hercules, nous trouvons presque toujours des muscles énormes, mais en état de graisse ordinairement plus que médiocre.

Mais le durham à courtes cornes, me dira-t-on en chœur, qu'en faites-vous, s'il vous plaît ? Sa précocité et son aptitude à se charger de graisse sont là qui vous accablent de leur admirable évidence. Il faut être aveugle pour ne pas s'incliner devant les qualités qui en font le type le plus parfait du genre. Je le confesse, plus d'une fois mes yeux éblouis, fascinés, ont cru voir mon système sur l'engraissement chanceler sur sa base sous le choc de l'objection ; mais, je fus bientôt rassuré par la conviction que cet animal *isolé*, hors ligne, ne pouvait être jugé avec les lois ordinaires qui régissent l'organisation des autres races. Cet être phénoménal est sorti tout d'une pièce des mains d'un homme illustre ; gardons-nous bien de le juger sans autre pierre de touche que les légèretés de la présomption humaine. Le maître qui l'a formé lui a dit : « Tu auras un tempérament lymphatique et tu respireras moins fort que les autres animaux de ton espèce qui ont une vaste poitrine comme toi, des muscles plus solides, et qui, pour cela, traîneront la charrue. Cette infériorité invisible de puissance dans le poumon se reconnaîtra seulement à la petitesse de tes naseaux. Tu ne mettras que de la graisse succulente sur les chairs énormes, mais douces et tendres dont je te dote, et puis tu n'auras à nourrir qu'une peau mince et des os faibles, comme les cornes que tu portes sur ta petite tête. Va, sans te préoccuper de charger de matières grasses les organes que tu portes à l'intérieur. Je te veux riche de chair, belle et utile à l'homme qui t'admirera comme une merveille que j'ai mise au monde : si ce n'est pas assez pour toi, c'est assez du moins pour ma gloire ! »

Reprenons. Ne pourrait-on pas diminuer la valeur physiologique de quelques-uns de ces faits, par cela même que l'on a observé que les animaux qui vivent habituellement dehors prennent ordinairement plus de graisse en dedans qu'à l'extérieur du corps ? Je répondrai que les animaux nourris en plein air ont la chair plus ferme, surtout s'ils appartiennent à une race dont les poumons sont volumineux, mais qu'au total ils ne font pas la même quantité de graisse pour l'ordinaire. Il y aurait donc encore ici une question de conformation et de race à examiner avant de produire ces observations d'une manière absolue. D'ailleurs, sous l'influence de la nourriture peu excitante des pâturages, l'animal forme une certaine quantité de graisse ; mais cette substance tend à se déposer dans l'intérieur de la cavité splanchnique, non-seulement parce que l'engraissement est plus lent, mais aussi parce que le sang qui la forme permet d'être détourné plus facilement à l'intérieur par la lenteur habituelle de son cours, et qu'en outre, les derniers ramuscules du système nerveux cutané se trouvant excités sous les influences extérieures, ce tissu se concentre en plus grande proportion dans l'intérieur du corps. Le contraire a lieu quand l'engraissement à l'étable est précipité par une alimentation abondante et nutritive ; alors l'animal fait de la graisse au dehors, et par conséquent peu de suif ; de cette sorte les muscles sont peu remplis et la chair est moins lourde et moins bonne. Dans ces deux cas comme dans bien d'autres les maniements ne peuvent fournir que des indications erronées.

Si les principes que je viens d'établir sont vrais, si l'on ne nie pas la valeur des faits incontestables que j'invoque à l'appui, il est évident que le repos, l'obscurité, la castration, la saignée s'il y a lieu, une atmosphère tempérée et même un peu humide, surtout pour les bœufs, dont la poitrine est ordinairement vaste et puissante, *une poitrine moyenne*, en un mot tout ce qui tend à modérer le système circulatoire, sera favorable à la formation de cette substance à demi animalisée qu'on appelle la graisse. C'est aussi ce qui a lieu : sous l'influence de ces diverses causes, les organes exercent avec lenteur les fonctions qui leur sont confiées; la respiration est lente et la nutrition moins active; enfin, le relâchement des solides est favorable à l'accumulation de la graisse dans le réseau qui lui sert de réservoir. Sous ce rapport, les sujets lymphatiques se distinguent par la facilité et la promptitude des résultats, quoique le tempérament lymphatique associé au sanguin ne diminue presque pas le degré d'aptitude et fasse de la viande juteuse, agréable, entremêlée de graisse entre les interstices des muscles et dans les fibres des muscles mêmes, en un mot, de meilleure qualité. Ainsi, si dans un but mercantile je cherchais où faire de la graisse tendre et délicate, et non des bêtes d'engrais supérieures par le rendement et la qualité de la viande, je choisirais les sujets de nature très douce, et dont la respiration n'est pas trop active, comme les génisses, les jeunes bœufs dont la croissance n'est pas encore achevée, et dont le tissu cellulaire lâche, spongieux, est favorable à la formation et à l'imbibition des matières grasses. Il en serait de même si je prenais un animal un peu plus âgé, dont la respiration serait plus puissante, mais bien portant et doué d'organes digestifs énergiques; car alors les matières alimentaires que l'animal absorberait dépasseraient de beaucoup en quantité celles qui peuvent être consumées par l'oxygène inspiré, et l'excédant de combustible deviendrait une partie constituante du corps sous forme de graisse.

Les observations nombreuses que j'ai dû faire sur des sujets de diverses races viennent encore ici me donner complétement raison. En effet, les animaux pris dans les races robustes comme les types auvergnats et gascons, s'engraissent difficilement, et font, dans leur jeunesse, de la viande colorée et plus nourrissante à poids égal que les autres : mais plus tard, quand le système musculaire a pris son développement normal, cette viande devient grossière, dure et fibreuse. La vache flamande a de l'aptitude à faire de la *graisse* et un suif blanc et abondant, quoique certains individus de cette race soient assez revêches à l'engraissement, mais en général pour des causes étrangères à la conformation ; la boulonnaise, dont la poitrine peu ample et le ventre spacieux forment un type assez prononcé pour en faire une excellente laitière, prend aussi de la graisse très facilement, et fournit en outre une chair tendre et très entrelardée. Les moutons mérinos, dont la forme est éminemment sécrétoire, se chargent d'une énorme quantité de graisse, par la même raison qu'ils font beaucoup de laine et de suint; mais dès lors, les matériaux qui servent à former de la graisse en couches ou autrement sont perdus pour la chair musculaire dont le développement est variable comme la conformation elle-même. Il ressort encore de tous les principes que je viens d'exposer une vérité pratique d'une haute importance physiologique et commerciale qui a passé inaperçue jusqu'ici : c'est que, de deux animaux engraissés pendant le même laps de temps, celui qui, à nourriture identique, fournira le plus de suif, aura la poitrine étroite et peu profonde, les reins larges, les organes digestifs bien développés et le train de derrière puissant. En un mot, ce serait le type des meilleures laitières qui ferait déjà le plus de suif, par la même raison qu'il sait faire de la graisse après la lactation, et qu'il donne le plus de lait, si d'ailleurs l'activité des reins n'était pas proportionnelle à leur étendue et au nombre des rameaux artériels destinés au tissu adipeux sous-lombaire (1). Ce sont surtout les vaches à la poitrine courte et resserrée, et dont la cavité abdominale et les facultés digestives sont de beaucoup proportionnellement plus développées que l'organe respiratoire, qu'il convient de nourrir modérément et d'*aérer* dans le commencement et vers la fin de l'engraissement; on augmente ainsi l'appétit en précipitant l'élaboration digestive et respiratoire, et l'on évite des maladies dues à l'excès du sang veineux, telles que les congestions sanguines, ou cette maladie terrible qui décime les bêtes à cornes, et qu'on appelle la péripneumonie.

La chèvre, dont les tissus internes sous-cutanés ont un si maigre développement, à raison de ses facultés assimilatrices très bornées, étonne aussi par la quantité de suif qu'elle renferme dans l'intérieur de son petit corps.

Ces diverses aptitudes revélées par des caractères de conformation qui sont propres aux animaux de l'espèce bovine, sont facilement appréciables au premier coup d'œil, et dispensent de recourir à des maniements souvent incertains, surtout sous le rapport du rendement en suif. Je me propose

(1) Mon opinion est tellement vraie, que dans des cas nombreux d'observations, j'ai constamment trouvé dans les vaches qui avaient beaucoup d'intérieur, les maniements de devant peu volumineux, mais secs et durs, et non mous, et se touchant à pleines mains; or, il n'y a que les bêtes à la poitrine peu développée, qui ont les maniements indiquant de l'intérieur.

de traiter à part cette grande et belle question des animaux d'engrais, ainsi que toutes celles qui s'y rattachent, ce qui me fournira l'occasion de dire mon opinion sur les maniements en vogue, et d'apprécier la valeur significative de chacun d'eux au point de vue de la graisse et du suif.

Telle est, selon moi, l'explication la plus naturelle des trois formations chimiques opérées dans l'économie animale sous l'influence de la respiration, à laquelle il faut reporter la cause principale des tempéraments. On sait maintenant par quelle conformation antérieure l'animal sera rendu le plus apte à former des tissus musculaires, ou de la graisse, ou du suif, ou du lait. On ne saurait donc, toute conformation prise indifféremment, obtenir tous ces produits à la fois dans les mêmes proportions ou à peu près. Dans l'ordre des lois naturelles, tout accroissement excessif dans un sens produit une diminution proportionnelle dans un autre. Ainsi, la sécrétion de la graisse augmente quand l'accroissement des muscles est faible, elle diminue quand la sécrétion laiteuse est abondante. Si je voulais des types à chair massive et lourde, supérieure par le rendement net, j'irais chercher les comtois, les salers, les devons, les agenais, etc., mais si j'avais à choisir une bête d'engrais pour obtenir en même temps de la chair savoureuse, de la graisse excellente et du suif, le tout dans des proportions convenables, je prendrais le type normand et ses analogues, et je le prendrais également pour faire du beurre et du fromage d'excellentes qualités, tant il est vrai, et cela est reconnu dans la Normandie, que *les vaches qui donnent le plus de beurre sont aussi celles qui prennent le plus facilement de la graisse*. Pour retirer le plus de lait possible d'une vache, je choisirais la flamande ou la boulonnaise du bon cru. Je m'accommoderais bien encore d'une poitrine ample, quoique contraire à une production abondante de lait, surtout si l'ampleur du ventre vient faire compensation à cet inconvénient; mais alors je me préoccuperais de la valeur du rendement en beurre, et j'utiliserais la partie du lait, toujours la plus animalisée, le caséum, à la fabrication du fromage, dont il forme la base. C'est ainsi du moins que cela se pratique dans la Brie, l'Auvergne, la Normandie, le Jura et la Suisse, si connue par ses fruitières et la fabrication du sucre de lait. Disons cependant, que si la partie butyreuse est abondante dans le lait des types bien organisés, cette substance aura moins de consistance et diminuera quand la vitalité pulmonaire sera poussée à l'excès, et les parties solides profiteront de cette diminution. Je trouve la confirmation de ce dernier phénomène, non-seulement dans certaines races que je pourrais citer, mais dans le lait de jument, qui donne une petite quantité de crème molle impropre à la fabrication du beurre; aussi, par une conséquence facile à déduire, sa partie caséeuse, qui contient alors moins de carbone, d'hydrogène, mais plus d'oxygène et d'azote, a une très grande analogie avec la fibrine, qui renferme ces précieux principes élémentaires dans des proportions à peu près égales. Cette particularité s'explique donc encore dans ce sens, qu'une respiration trop énergique, qui diminue la sécrétion du lait, métamorphose et brûle en même temps les substances grasses des végétaux qui donnent naissance au beurre. Ces observations, que je reproduirai à l'article LAIT pour leur donner plus de développement, sont d'une très haute importance; il est bon d'en tenir un compte sérieux dans les moyens d'appréciation, puisqu'elles fournissent la possibilité de juger, non-seulement de la quantité de lait que peut fournir un animal, mais des qualités qui rendent ce liquide propre à la fabrication du beurre ou du fromage. Ne l'oublions pas.

CHAPITRE VIII.

LE VENTRE.

Le ventre est le principal ouvrier des glandes mammaires dans l'ordre qui compose les trois phénomènes de la vie animale : la circulation, la nutrition et la sécrétion.

Il suffit de jeter les yeux sur l'estomac et les intestins des ruminants, pour se demander aussitôt quel a pu être le but de la nature en créant un appareil digestif si compliqué et si parfait. Entraîné par la volonté de me rendre un compte complet du rôle que le ventre joue dans tous ses rapports avec l'organe préposé à la sécrétion du lait, la science m'a appris tout d'abord que le grand développement d'un organe avait toujours lieu au détriment d'une autre partie du corps avec laquelle il était en correspondance directe; et, c'est en partie en vertu de ce principe physiologique qu'un ventre très volumineux entraîne ordinairement avec lui le rétrécissement proportionnel de la poitrine, ou que le peu d'étendue de la cage qui renferme les organes de la respiration a presque toujours pour accompagnement un abdomen très développé.

Nous avons tous les jours sous les yeux la preuve de cette vérité dans les chevaux dont la côte est plate ou en forme de cercle. Cette vérité est encore plus apparente dans l'espèce bovine, surtout si un jeune animal est soumis à une alimentation qui, sous un volume considérable, contient peu de principes nutritifs. C'est que diverses influences peuvent faire subir à la panse de grandes modifications pendant la période de la croissance. En effet, pendant que les ruminants ne vivent que de laitage, la panse est moins grande que la *caillette*, et elle ne devient volumineuse que lorsqu'elle reçoit de l'herbe, par exemple, aliment peu riche en principes nutritifs, et dont l'animal est obligé de prendre des masses énormes pour se rassasier.

Le volume considérable du ventre ne constitue pas par lui-même une qualité aussi bonne que les facultés que cet organe emprunte à la poitrine. Une vache peut avoir un ventre volumineux et n'être qu'une laitière médiocre. C'est dans la comparaison des forces digestives avec les forces respiratoires que se trouve l'explication principale de la valeur lactifère du ventre. En effet, si les poumons ne possèdent pas un degré de puissance égal à celui de l'estomac et des intestins, la quantité de liquide fournie par la digestion ne peut être élaborée à temps, ou plutôt ne peut subir une transformation suffisante pour pouvoir se fixer dans les tissus osseux, musculaires et cellulaires; or, la portion non utilisée se trouve nécessairement détournée par l'appareil sécréteur du lait dont la puissance augmente en raison de la diminution de la respiration. C'est là ce qui constitue principalement le tempérament veineux lymphatique, parce que sous l'influence des

5.

organes qui le déterminent, la transformation peu facile du sang veineux en sang artériel se fait sentir dans toute la machine animale. Mais ce n'est pas tout : cette disposition respective des organes digestifs et respiratoires devient encore plus favorable si l'alimentation est herbacée, car alors la sécrétion de la peau ne vient pas en aide à l'hématose pour débarrasser l'économie de l'eau qui s'y accumule ; sous l'influence de ce régime aqueux et rafraîchissant, la poitrine ne saurait dégager la quantité de calorique nécessaire à la volatilisation des liquides provenant de la nourriture ; or, les glandes mammaires, par un travail analogue à celui de l'organe où se forme l'urine, s'approprient une partie du liquide qui n'a pu être exhalé ni assimilé, ou consumé par l'oxygène sous l'action du travail respiratoire. C'est là probablement ce qui explique, en partie, pourquoi le lait le plus chargé d'eau est ordinairement celui des vaches qui en fournissent une très grande quantité.

Il est indispensable de faire remarquer maintenant que le flanc, par sa longueur et sa largeur, correspond à trois états physiques qui caractérisent principalement une bonne laitière : les reins, la poitrine, et le ventre. On comprend dès lors que je regarde le flanc comme fournissant un des signes les plus certains de la qualité lactifère, quand il est large et allongé du haut en bas, en raison de la longueur de la région lombaire et de la profondeur de la cavité abdominale.

Le ventre de la bête de travail peut être assez développé, mais cela ne saurait constituer une qualité laitière, si la capacité proportionnelle de la poitrine en forme un type ramassé réunissant toutes les qualités musculaires, mais de nombreux défauts comme machine à lait, et même à graisse ; car, si le grand volume du ventre est une qualité essentielle dans la vache laitière, il accuse une plus grande difficulté d'entretien dans la bête d'engrais comme dans le cheval. Du reste, je le répète, pour bien déterminer la valeur du ventre sous ces divers rapports, ses dimensions doivent être comparées avec celles de la poitrine. Après tout, ne sait-on pas que le sac et le tube intestinal sont deux puissants laboratoires chargés de décomposer les aliments, de les analyser et de préparer les fluides qui doivent abreuver tous les autres organes ? Or, si l'appareil digestif est ample et bien organisé, la vache pourra prendre une grande quantité de nourriture sans troubler le jeu de son économie, à la faveur d'une active et puissante digestion ; d'où naîtront l'appétit, la santé, et une quantité de fluide en rapport avec un volume de matières alimentaires parfaitement élaborées.

Nos ménagères savent très bien que les vaches qui mangent beaucoup sont aussi les meilleures laitières. Elles disent alors que l'animal a *bonne gueule ;* et c'est là une expression heureuse dont je me servirais volontiers, si je voulais donner la meilleure idée de l'énergie de l'appareil digestif d'une laitière.

Dans certains pays de pâturages, comme en Normandie, les propriétaires louent plus cher leurs prairies pour les bêtes laitières que pour les bêtes d'engrais ; elles épuisent, disent-ils davantage les pâturages, parce qu'elles leur rendent des excréments plus épuisés eux-mêmes par une énergique digestion. Cela se comprend parfaitement. Cependant l'explication ne me paraîtrait pas complète, si je n'ajoutais que le sac a moins de capacité chez la véritable bête d'engrais, et que par suite elle doit rester plus longtemps sur parc et rendre à la plante qu'elle altère moins une quantité de matières excrémentitielles plus grande et plus riche en principes fertilisants. C'est qu'en effet l'appareil respiratoire des bêtes d'engrais, quelle que soit sa puissance, ne pourrait pas rendre propre à être assimilable, dans le même laps de temps, la quantité de principes organiques que les glandes s'approprient pour les les sécréter rapidement pendant que les fonctions d'assimilation sont en mouvement. Il faudrait à ces animaux une respiration double comme celle des oiseaux, pour qu'ils pussent opérer ce travail. Cette comparaison ne doit pas étonner, quand on sait que chez les oiseaux les deux lobes du poumon sont appliqués à la surface interne de côtes très dilatables, et que la respiration, au lieu d'être limitée au poumon comme celle des mammifères et des reptiles, s'opère au loin dans les profondeurs de toutes les parties du corps, et condense l'air jusque dans les os. C'est ce qui explique la création facile de l'œuf, admirable production qui contient de l'albumine, substance azotée, analogue à la fibrine, et plusieurs autres matières graisseuses, dont les principales sont l'oléine et la stéarine.

Mais allons plus loin encore. Pourquoi les brebis et les béliers mérinos sont-ils les animaux de l'espèce ovine qui produisent la laine la plus riche en poids, en finesse et en élasticité ? pourquoi forment-ils plus de suint que les autres? Parce qu'ils sont bas sur jambes, qu'ils ont le devant plus rétréci que les meilleurs moutons d'engrais, le ventre énorme, la peau plissée, étendue ; en un mot, parce que leur conformation se rapproche le plus de celle des meilleures laitières. M. Yvart, inspecteur général des écoles vétérinaires et des bergeries nationales, a très bien fait ressortir, dans son beau *Mémoire sur les bêtes à laine*, la valeur de ce dernier caractère, en constatant que « l'étendue de la peau et celle des muqueuses digestives sont proportionnelles. » Ce qui peut se traduire ainsi : Quand la peau est étendue, l'appareil digestif est vaste, ses facultés élaboratoires et absorbantes ont une puissance analogue, et les mamelles trouvent dans le sang devenu plus abondant par l'épuisement complet des aliments et une digestion rapide une plus grande quantité de matériaux pour les transformer en lait, surtout si les dimensions de la poitrine sont favorables aux sécrétions. Je le répéterai donc encore ici, au risque de tourner toujours dans le même cercle : Ou les fonctions de sécrétions domineront sur les forces assimilatrices, ou celles-ci sur les premières : dans le premier cas, on aura du suint, de la laine ou bien du lait en abondance, et dans le second de la chair ou de la graisse. Les matériaux qui ne peuvent servir à l'accroissement des tissus vivants augmentent la richesse de la toison comme ils favorisent la lactation. Il faut choisir et s'arranger en conséquence. Et qu'on ne me fasse pas le reproche de reproduire souvent les mêmes arguments : ce n'est pas moi, c'est la nature qui se répète ; il faut bien que je dise ce qu'elle dit, ou du moins ce que je crois pouvoir comprendre.

J'ai dit que les parois inférieures du ventre devaient être descendues et comme avalées dans toute la région du bassin qu'on appelle l'avant-lait. Il suffit de savoir que la panse, par sa partie postérieure, et surtout l'intestin, occupe cette partie du tronc, pour comprendre l'importance de cette indication. En effet, cette disposition indique spécialement non-seulement l'ampleur du sac dans sa partie principale, mais ce qui ne vaut pas moins, de l'ampleur et de la longueur dans l'intestin. On connaît l'importance de ce dernier organe, au points de vue de la digestion, dans les animaux qui se nourrissent de substances féculentes et d'aliments herbacés, dont l'élaboration très lente se fait également dans cette portion du canal alimentaire. Depuis que je l'observe attentivement, je suis de plus en plus disposé à mettre ce caractère presque au même niveau que le flanc large et prolongé, parmi les indications qui nous sont fournies par le ventre. Mais, si cette indication constitue par sa présence un caractère zootechnique très fécond, son absence doit conséquemment être considérée comme un défaut d'autant plus grand, même dans une vache qui posséderait de nombreuses qualités laitières, que les parois de cette région semblent s'effacer et perdre leur niveau avec l'autre partie correspondante de l'abdomen.

Pour apprécier convenablement la capacité du ventre, il ne faut pas examiner seulement sa largeur et sa longueur, mais encore et surtout sa profondeur. C'est la même opération de coup d'œil à faire que pour la poitrine, dont la brièveté est toujours favorable à la capacité abdominale. Quant au flanc, son attitude un peu allongée et tombante est toujours proportionnée à la longueur des reins, qui est l'indice certain d'une poitrine courte et d'un ventre long. Il est bon de faire remarquer, toutefois, que sans être tombant, le ventre peut être vaste, par suite de sa longueur ou de sa dilatation transversable, appréciable par la largeur de la région lombaire. Il peut arriver aussi parfois que chez les vieilles bêtes qui ont fait un grand nombre de veaux, les parois musculaires soient devenues trop faibles pour soutenir convenablement les viscères contenus dans l'abdomen ; dans ce cas, quoique le ventre soit flasque et pendant, et le flanc allongé, cette extrême flaccidité même indique suffisamment que l'animal peut bien consommer un fort volume de nourriture, mais qu'il ne saurait rendre du lait en conséquence. Le ventre développé hors de toute proportion peut être aussi chez un jeune animal le résultat d'un état maladif. Mais ces deux cas exceptionnels ne sauraient nuire en rien aux principes que je viens d'établir dans ce chapitre.

CHAPITRE IX.

LE CORPS, LES JAMBES, LES CÔTES, LES REINS, LA CROUPE, LE BASSIN ET LES CUISSES.

Pour connaître parfaitement une machine il faut décomposer un à un ses plus simples rouages. On ne peut se rendre suffisamment compte d'un mécanisme et de son action qu'après avoir examiné le jeu séparé de chacune de ses diverses pièces. Or, c'est à l'aide de l'anatomie comparée que nous pouvons étudier l'action séparée de chaque organe, apprécier son importance absolue ou relative, afin de pouvoir déterminer convenablement quelle part il prend dans l'exercice de chaque fonction animale. C'est en procédant de cette manière, que je vais essayer d'assigner à chaque organe de la vache laitière la valeur qu'il doit avoir dans ses rapports avec les organes qui concourent directement ou indirectement à la formation du lait.

1° **Le corps.** — *Longue vache, court cheval*, dit-on souvent dans nos campagnes, et le proverbé a rarement tort. En effet, il est de principe que l'étendue des voies digestives est relative à la nature des aliments dont les animaux se nourrissent. C'est ainsi que dans le lion la longueur de l'intestin n'est d'environ que de trois fois celle du corps, tandis que dans la vache cette longueur équivaut de 32 à 33 fois la hauteur du corps. Les herbivores ont plus besoin que les carnivores d'un estomac spacieux et d'un intestin long et ample, parce que les matières végétales, comme l'herbe, qui contiennent peu de principes nutritifs sous un fort volume, doivent séjourner plus longtemps que la chair dans le canal alimentaire pour se dissoudre et y subir les transformations qui les rendent propres à être absorbées. D'ailleurs, si la vache est longue, le ventre a généralement de la capacité, bien qu'il ne paraisse pas assez volumineux pour constituer une bonne laitière, et il loge convenablement les organes préposés à la digestion, sans être obligé de demander à une poitrine ordinairement courte dans ce cas une chose impossible, c'est-à-dire de mettre rapidement en chair et en os les liquides élaborés par l'estomac. Une vache peut être une bonne laitière et manquer de longueur, si toutefois elle a du flanc, la poitrine courte en proportion, et qu'elle regagne en profondeur et en largeur abdominales ce qu'elle perd dans l'autre sens. Les vaches de haut cru sont courtes et ont parfois un ventre pendant, mais aussi elles perdent en longueur de reins, en flanc, en laitage, ce qu'elles gagnent en ampleur de poitrine, en épaisseur de peau et en force musculaire.

2° **Les jambes**. — Si l'on n'aime pas qu'il passe beaucoup de vent sous le ventre d'un cheval de trait, l'élévation des jambes n'est pas plus de mon goût dans la vache laitière et d'engrais. J'ai constamment vu les vaches des bonnes races laitières, et parmi elles celles qui se distinguaient par des qualités supérieures, supportées par des jambes fines et courtes, et cela me paraît être la conséquence de l'augmentation lactifère obtenue au préjudice de la chair, et surtout des os de l'animal, c'est-à-dire de la nutrition. C'est là un de nos caractères distinctifs comme le flanc. Les races boulonnaise et bretonne, déjà si magnifiques comme ventre, sont admirables sous le rapport de la taille. Il est si vrai que le choix exclusif des bonnes vaches laitières conduirait à l'abaissement de la taille des animaux de l'espèce, que M. Girou de Buzareingues nous apprend qu'un pareil résultat a eu lieu dans l'espèce des brebis très laitières de Larzac, qui sont soumises à une forte mulsion pour produire les fromages de Roquefort. « La taille de ces brebis s'est abaissée au-dessous » de la moyenne, dit ce savant, dans une note qu'il m'a fait » l'honneur de m'adresser, et leurs qualités lactifères ont » augmenté en proportion. » La même remarque peut être faite pour les moutons mérinos à laine fine et abondante, et d'où les larzacs semblent provenir, si l'on s'en rapporte à la ressemblance de ces deux types, sous le rapport de la conformation laitière. On doit comprendre parfaitement que les phosphates dont les os sont avides, ou plutôt que les matières calcaires qui sont détournées par les mamelles ou le suint dont la quantité correspond toujours à la finesse de la laine, ne puissent pas se retrouver dans le système osseux. C'est en effet ce qui a lieu. Ainsi se trouvent heureusement confirmées de nouveau les expériences de M. Chossat, qui montrent que, lorsque les oiseaux ne trouvent pas dans leurs aliments une proportion suffisante de matières calcaires, le phosphate de chaux qui entre dans la composition de leurs os est enlevé peu à peu. En général, du reste, les sujets fort élevés sur jambes ont peu d'harmonie dans les organes, peu de ventre, peu de distinction et de type, et rentrent souvent dans la catégorie des races dégénérées, abâtardies et décousues que Buffon a si bien qualifiées en les appelant : *races des rues.*

3° **Les côtes.** — Il suffit de jeter les yeux sur les deux plus grands herbivores domestiques pour saisir aussitôt une différence essentielle dans les principaux caractères de conformation, et cette différence coïncide avec des modifications profondes dans l'économie et les aptitudes. Le cheval a dix-huit côtes très arquées qui augmentent ainsi la longueur et la largeur de la poitrine, et par conséquent les forces respiratoires; tandis que le bœuf n'en a que treize, qui sont plutôt plates qu'arrondies chez les bonnes races laitières, et produisent un effet inverse dans l'acte respiratoire, surtout si cet aplatissement a lieu dans le voisinage de l'épaule, ce qui est l'important. Il est des chevaux qui ont la *côte plate*, mais alors ils prennent ordinairement un ventre de vache, se rapprochent de l'espèce du bœuf par la grande quantité de nourriture dont ils se remplissent le sac, par le tempérament et l'aptitude laitière après le part.

On sait que les côtes sont courtes quand la poitrine est peu profonde. On comprend également que pour être en harmonie avec la légèreté du squelette dans les parties antérieures, les côtes puissent être larges, mais minces plutôt que grosses. La bonne laitière offre donc aussi dans les pièces osseuses qui forment la cage thoracique une différence de conformation avec les animaux de la même espèce, mais plus spécialement propres au travail des champs. Les charollais, les agenais, les cholets, les manceaux, s'ils ont les côtes voisines du flanc très arrondies, n'en ont pas moins, — et cela est digne d'attention, — le thorax un peu déprimé en arrière de l'épaule, comme certaines Normandes; et, selon moi, ce genre de conformation dans les régions qui renferment plus particulièrement les organes de la respiration ne serait pas sans influence sur l'aptitude de ces races à prendre de la graisse.

4° **Les reins.** — Si nous poursuivons notre comparaison, nous trouverons que les reins sont plus longs dans le bœuf que dans le cheval, ce qui indique un appareil digestif plus vaste et une poitrine plus courte ; car la longueur des reins, je l'ai dit, correspond toujours exactement au développement longitudinal de l'abdomen ou du flanc, caractère sur lequel repose presque toujours la longueur de l'animal. La poitrine n'occupe donc en quelque sorte, ici, qu'une position subordonnée à la longueur des reins et du ventre. Ajouterai-je que la largeur des lombes mesure exactement l'espace qui existe entre les parois supérieures du ventre. On comprend aisément, dès lors, que cette dernière disposition corporelle soit déjà par elle-même favorable à la lactation sans emprunter d'autres qualités à la croupe, sur la forme de laquelle elle influe ordinairement, et dont elle détermine toujours l'étendue dans la région des hanches. On verra plus loin quel sens spécial j'attache à la largeur des reins sur la conservation plus ou moins longue du lait pendant la gestation, par suite de son influence sur les quartiers de derrière, et notamment sur la largeur et la longueur de la croupe.

Disons en passant que Cline, souvent cité comme une autorité par Villeroy, a affirmé que la largeur des reins était toujours proportionnée à celle du bassin. Cette remarque est ordinairement juste, mais cet auteur a ajouté ensuite : « et à celle de la poitrine, » et je tiens à constater cette erreur. On sait trop bien comment sont bâties toutes nos meilleures laitières pour qu'il soit nécessaire d'insister sur ma rectification.

5° **La croupe et le bassin.** — Une croupe étendue, très large entre les hanches, sont des qualités qui doivent être recherchées chez les bêtes d'engrais et les laitières, avec cette différence pourtant que cette partie postérieure doit être bien fournie de chair chez les premières, tandis qu'elle doit être sèche chez les secondes. On ne s'étonnera pas que je recherche de l'ampleur dans les reins, la croupe et le bassin, puisque le grand développement de ces régions fait subir ordinairement à l'animal, pendant sa croissance, des modifications en sens contraire dans les organes des parties antérieures. Du reste, la nature, si invariable dans ses effets, a procédé ici, comme toujours, avec méthode, en adoptant cette forme pour les meilleures laitières. Elle ne sait pas violer ses lois : les animaux qui sont les plus aptes à donner du lait sont aussi ceux qui portent ordinairement le plus fort fœtus. Or, qu'a voulu la nature en associant un bassin très développé à une poitrine peu ample ? Elle a voulu que l'animal sorti du flanc de sa mère trouvât dans les mamelles une quantité de nourriture en rapport avec son volume et avec celle qu'il recevait dans l'utérus. Un savant de ma connaissance demandait un jour à Pradier pourquoi ses sujets féminins avaient ordinairement la poitrine peu développée, les lignes molles et peu accentuées, les hanches saillantes et un large bassin, et ce célèbre statuaire répondait que ce système n'était pas un caprice de son imagination, mais bien le résultat d'une longue observation prise sur le fait.

De mon côté, j'ai également observé que quand même la croupe se rétrécirait un peu, en restant plate, dans la région qui s'éloigne le plus des hanches, comme chez la chèvre, je n'y verrais pas grand inconvénient : ainsi sont conformées les races schwitz, boulonnaise, d'Angeln, bretonne, et même assez souvent la race d'Ayr. Mais fréquemment les trois pièces de la machine animale que l'on appelle la croupe, le bassin et les cuisses, entrent chacune pour un développement proportionnel dans la formation du train de derrière, et l'on sait que les parties du squelette qui soutiennent les organes lactifères détourneront d'autant plus de sang pour la formation du lait qu'ils auront de puissance dans les canaux qui traversent leurs tissus. Ainsi la bonne vache flamande a la croupe large et longue, plus développée que celle de la boulonnaise, qui est longue aussi, mais ordinairement plus rétrécie et plus avalée dans sa partie postérieure. On sait cependant que cette dernière ne le cède à la flamande que par la taille sous le rapport des qualités laitières.

Puisque la croupe a sa part d'influence sur la production lactée, il est bon de faire observer ici que les génisses ne doivent pas être livrées trop jeunes au mâle, car la gestation précoce aurait pour effet de détourner vers l'utérus le sang destiné aux parties postérieures du tronc, et de diminuer l'étendue de la croupe. Mais ce qui est vrai pour les génisses issues de bonnes races, telles que les boulonnaises, les flamandes, les hollandaises, les ayrshires, ne l'est plus, selon moi, pour les races moins bonnes dont les parties osseuses de la croupe et des cuisses sont chargées de masses considérables de chair musculaire, comme le durham et la garonnaise. Une gestation précoce augmenterait bien certainement les facultés lactifères de ces sortes d'animaux par la modification de la croupe; de même que le sang qui se rendait dans ces régions peut être détourné par l'utérus pendant la plénitude, de même aussi la ration qui servait auparavant à nourrir ces tissus volumineux serait détournée par les mamelles après le vêlage précoce. M. Deron, répétiteur à la Saulsaie, m'a affirmé que des expériences avaient été faites, il y a quelques années, sur le durham, et que la saillie jeune avait produit une amélioration notable sous le rapport du rendement en lait. Un fait pris en dehors de la zootechnie, m'écrivait-il, ne semble-t-il pas appuyer votre assertion? Quand on extrait de la résine d'un arbre vert arrivé à son maximum de production en bois, il ne donne que de faibles produits en résine; le contraire a lieu si l'on extrait sa résine dans le jeune âge;

il sera alors intarissable comme les mamelles de la vache, mais ne donnera qu'une faible production en bois.

Ce travail dont on nous parle ici, la nature et les siècles l'ont fait pour les meilleures races laitières. Ne touchons qu'à bon escient au plan général que ces grands maîtres ont adopté. Chez la laitière, le mode de développement des parties postérieures n'indique pas seulement un logement plus vaste pour une partie des organes digestifs et le fœtus, un passage plus facile pour le veau qui vient au monde, mais il indique encore que le sang affluera par des canaux puissants dans les régions des organes génitaux et mammaires, et que l'utérus et les mamelles pourront en détourner beaucoup plus à leur profit pendant les fonctions passagères qu'ils remplissent dans l'organisme. Il est de principe en physiologie, que, lorsque deux corps exercent une action chimique sur une substance commune, et qu'un conducteur les réunit l'un à l'autre, il s'établit un courant, et le sens de ce courant est déterminé par la prédominance d'action d'un de ces deux corps sur l'autre; or, ce qui se passe dans cette opération chimique ne doit-il pas se reproduire dans les phénomènes de la vie, dans la machine animale qui n'est elle-même qu'un vaste et sublime laboratoire? N'est-ce pas en vertu de ce principe que chez les bonnes laitières mises à l'engrais, les maniements qui se montrent les premiers sont ceux des abords de l'entre-fesson, de la hampe et de l'avant-lait ? Le sang qui auparavant se trouvait détourné par les glandes mammaires pour faire du lait, l'est également par ces régions pour faire de la graisse. La même remarque peut se faire à l'égard des bœufs issus de bonnes races laitières, comparés à ceux des races d'engrais proprement dites, et il n'est pas d'apprenti engraisseur qui ne sache que les taureaux dont la poitrine est très vaste font proportionnellement plus de viande dans les quartiers de devant que dans ceux de derrière. Quoi qu'il en soit, je ne dois pas moins le répéter de nouveau : s'il est de principe que les régions postérieures doivent offrir assez d'étendue et de puissance pour dominer sur les parties antérieures, les masses charnues qui entrent dans leur composition ne doivent pas être volumineuses à ce point de devenir des êtres nuisibles aux mamelles par un excès d'absorption de liquide nourricier. En d'autres termes, le train de derrière ne doit pas faire l'effet d'une branche gourmande qui, à mesure qu'elle augmente, détourne avec plus de facilité encore les sucs qui, sans elle, se répandraient principalement dans les branches qui l'avoisinent. Du reste, cet inconvénient ne se rencontre pas dans les individus qui digèrent beaucoup plus qu'ils n'assimilent, c'est-à-dire qui ont la poitrine peu développée et le ventre volumineux.

6° **Les cuisses**. — Quoique les cuisses doivent présenter de larges surfaces comme les reins et la croupe, pour déterminer *le sens du courant par une prédominance d'action dans l'économie*, les masses charnues qui recouvrent les os de cette partie du squelette deviendront encore ici un défaut, si elles prennent trop d'épaisseur. Du reste, je le répète, cette exubérance musculaire n'est pas à craindre avec une conformation laitière dans le devant. Il faut bien que les régions postérieures soient plutôt plates que rondes, pour rentrer dans les dispositions générales de l'animal. Si les principes physiologiques ne nous disaient pas que nous avons des raisons suffisantes pour le vouloir, alors les lois de proportion nous forceraient à accepter cette vérité relative, mais incontestable.

CHAPITRE X.

LES VEINES MAMMAIRES. — LES FONTAINES. — LES VEINES DU PIS, DU PÉRINÉE ET DES CUISSES.

1° **Veines mammaires.** — Les veines sous-abdominales, vulgairement appelées *sources*, rampent visiblement sous les parois inférieures du ventre. Elles charrient le sang qui sort des mamelles pour se rendre dans le corps par deux ouvertures appelées *fontaines*, mais toutefois après avoir subi l'action élaboratoire des glandes qui se sont approprié une partie des matériaux qu'elles contenaient pour les transformer en lait. On accorde en général une confiance trop aveugle à l'indication qui nous est fournie par les veines lactées, même quand elles se présentent, comme on le veut, sous forme de cordes longues, variqueuses, tortueuses, qu'elles semblent onduler fortement sous la peau, ou qu'elles se terminent en avant par deux branches assez longues. Leur grande longueur indiquerait assez bien cependant la longueur longitudinale du ventre qu'elles parcourent à la périphérie et le raccourcissement proportionnel de la poitrine; tandis que leur capacité serait en même temps l'indice de la prédominance du système *veineux* sur le système artériel, ce qui forme le caractère principal du tempérament *sécréteur* de la bonne laitière. Mais des observations minutieuses m'ont appris que la capacité de ces vaisseaux est loin d'être toujours en rapport avec leur volume apparent. On peut alors se tromper sur la quantité de sang qui se trouve réellement charrié par ces canaux lactifères. C'est ce qui a lieu quand ils sont plus étroits qu'ils ne le paraissent, et principalement dans certaines vieilles bêtes chez lesquelles la circulation du sang est si lente, que le liquide paraît être dans un état voisin de la stagnation ; à qualités lactifères égales, il n'est donc point rare de rencontrer des veines plus apparentes sur certaines vaches que sur d'autres. Ce n'est aussi généralement qu'après avoir fait plusieurs veaux qu'elles se dessinent parfaitement. Elles se rétrécissent sur les vaches sèches de lait, et sont peu distinctes sur les génisses, surtout quand celles-ci n'ont pas atteint les derniers jours de la gestation. On rend aux veines des vaches dont les mamelles sont à sec les volumes qu'elles ont dans la plénitude de la lactation, en introduisant fortement le doigt dans la fosse où elles passent. Cette opération fait gonfler les vaisseaux sous l'affluence du sang qu'on refoule vers le pis, en interceptant la circulation.

Comme on le voit, de nombreuses circonstances peuvent modifier le rapport qui existe ordinairement entre le volume des veines mammaires et les qualités laitières des vaches. Ce moyen d'appréciation est donc suceptible de fournir souvent des données incertaines, même quand il est permis d'en faire usage.

2° **Fontaines**. — L'appréciation des signes fournis par les fosses qui se trouvent sous le ventre, et dans chacune desquelles on doit pouvoir cacher le bout du doigt, devient maintenant plus facile. C'est fort improprement qu'on les appelle vulgairement *fontaines*, puisque les veines mammaires, loin de charrier le sang vers le pis, s'embouchent par une branche plus ou moins forte avec la veine sus-sternale ou thoracique, en passant par ces ouvertures. Les dimensions de ces ouvertures peuvent-elles nous fournir des indications plus exactes que les canaux conducteurs du sang ? En général, le volume de ces vaisseaux peut servir assez bien de mesure pour apprécier les dimensions des cavités qui leur livrent passage ; mais, quoique moins rapidement que les veines lactées, ces ouvertures se rétrécissent dans les vaches qui sont sur le point de s'écouler ou qui ont perdu complétement leur lait ; et, chez les génisses, elles n'acquièrent un développement à peu près normal qu'après plusieurs parturitions. D'un autre côté, l'état de graisse ou de maigreur de l'animal peut encore faire varier momentanément l'étendue des fontaines. Il m'est, en outre, souvent arrivé de voir chez des laitières ordinaires qui ne conservaient pas leur lait, des veines grosses, mais courtes, se perdre dans des cavités bien développées, tandis que sur d'autres laitières supérieures à celles-là, sous le rapport du rendement et de la conservation du lait, des veines d'un moindre calibre, mais longues, aboutissaient à une ouverture plus étroite. Enfin, j'ai encore rencontré des laitières de premier ordre qui portaient des veines grosses et longues et des fontaines moyennes. Ces diverses variations ne permettent pas d'accorder aux indications fournies par ce caractère une valeur absolue, sans s'exposer à commettre de fortes erreurs, à éprouver de graves mécomptes. Ce n'est pas que je prétende n'en tenir aucun compte, mais il est prudent de ne faire figurer ce moyen d'appréciation que parmi beaucoup d'autres signes accessoires.

3° **Veines des cuisses, du pis et du périnée.** — Je n'hésiterai pas à placer les veines au-dessus des caractères précédents, si elles étaient également appréciables sur tous les sujets et dans toutes les circonstances passagères qui peuvent se présenter. Le fait est qu'il y a un rapport remarquable entre le volume de ces veines et la quantité de lait sécrété par les glandes mammaires, qui sont, pour ainsi dire, abreuvées par elles. Ces veines sont fort abondantes chez les meilleures laitières, et elles décrivent des lignes volumineuses sous la peau du pis et du périnée à laquelle elles donnent une teinte jaunâtre très remarquable, surtout dans les premiers temps qui suivent le vêlage. Les veines du pis et de la face interne des cuisses tracent des sillons obliques ou en zigzag sous la peau, tandis que celles du périnée, parfois plus ou moins éloignées de la vulve et se dirigeant perpendiculairement sur le pis, sont flexueuses, bosselées, et semblent soulever des petites portions de peau chez les meilleures laitières. Il est fâcheux, très fâcheux que les veines qui parcourent ces régions ne soient pas apparentes sur les génisses, peu ou point sur les vaches médiocres, écoulées, ou qui ne donnent plus de lait, à moins que celles-ci ne soient fort maigres. Plus apparentes sur les sujets maigres, elles s'effacent aussi sur les vaches grasses, même quand elles sont bonnes. Quand l'animal est vieux et que la peau est lisse et mince dans les régions mammaires ou périnéennes, les veines se montrent encore bien, mais leur mince calibre n'en fait pas moins des indices de qualités inférieures. Le savant professeur d'Alfort, M. Magne, nous indique, dans une étude remarquable qu'il a faite sur les veines, le moyen de rendre celle-ci apparentes : il s'agit de presser la peau en travers, dit-il, à la base du périnée. La pression les fait gonfler. Il est même assez facile de faire refluer le sang vers la vulve et de produire des ondulations apparentes. On doit faire attention au mouvement du sang, ajoute-t-il, afin de ne pas prendre pour des veines les plis que présente parfois la peau du périnée, surtout sur les vaches grasses. Ajouterai-je que les moments les plus convenables pour apprécier le développement des veines, c'est la saison où les bêtes sont soumises au régime du vert. Les aliments herbacés exercent une grande influence sur le système veineux, principalement au printemps et en automne, quand la température n'est pas assez élevée pour exciter fortement la transpiration cutanée ou pulmonaire, et débarrasser l'économie de la grande quantité d'eau qui met obstacle à la régularité des fonctions animales : on dit alors, dans nos campagnes, que la vache a le cœur *noyé*. Cette plénitude du système vasculaire a pour cause principale cette alimentation, qui donne un sang plus veineux qui traverse difficilement le poumon et dilate davantage les veines.

CHAPITRE XI.

SIGNES FOURNIS PAR LA TÊTE, L'ENCOLURE, LES ÉPAULES, LES BRAS, L'ÉCHINE, LES OREILLES, LE MUFLE, LES LÈVRES, LA BOUCHE, LES NASEAUX, LE POITRAIL, LE FANON, LES FOSSETTES DU DOS ET DES ÉPAULES, LE BEURRIN, L'ŒIL, COMPARAISONS DIVERSES.

1° **Tête, encolure, épaules, bras, échine, oreilles, muce, lèvres, bouche, naseaux et poitrail.** — Puisque les os se réparent et se nourrissent de la même manière que les autres organes, il est clair que de gros muscles articulés sur d'épaisses surfaces, surtout dans les parties antérieures, auront une prédominance d'action économique qui leur permettra de s'emparer d'une quantité de principes organiques au détriment de l'appareil sécréteur du lait. La graisse, qui va se déposer en abondance dans les cellules des tissus, produit le même résultat, puisque de fait c'est une sécrétion qui vient s'ajouter à une autre sécrétion. Du reste, la bonne laitière n'est-elle pas, comme je l'ai dit, organisée lymphatiquement ? et, comme femelle, douée d'un système sécréteur dont l'effet est tout intérieur, ne doit-elle pas faire ressortir des formes moins vigoureuses, un ventre volumineux, plutôt que des manières rondes, attribut du tempérament assimilateur des bêtes de travail ou du mâle ? Enfin, la forme de la plupart des organes ne doit-elle pas se rapprocher le plus possible de celle des autres parties du corps, sous peine de rompre toute harmonie, jeu auquel il est rare que la nature se livre, si la main de l'homme ne vient pas la forcer brutalement dans ses conceptions ? Il n'y a donc rien qui doive étonner, quand nous ne demandons pas un fort volume dans les muscles de la tête, de l'encolure, des épaules, des bras, du tronc, de l'échine, ainsi que dans les os qui leur servent de support, et dont l'ensemble forme une grande partie de l'appareil locomoteur.

C'est par suite de la longueur du cou, de la disposition peu énergique des muscles de l'*encolure* et des épaules, et du volume du ventre que suspend une échine large, mais plus mince que solidement organisée, que la bonne laitière baisse plutôt la tête ordinairement, qu'elle ne la tient droite et en l'air, que son attitude est calme, réservée, et sa démarche un peu lente et pesante, quoique régulière et sûre.

Les *épaules* ont ordinairement un développement proportionnel à celui du thorax, et elles sont minces et courtes quand la poitrine est peu large et peu profonde. Elles deviennent même obliques et plus saillantes, et elles paraissent assez souvent maigres, mal attachées, chez les meilleures laitières, parce que les muscles moteurs de la poitrine n'ont pas assez de force pour bien les soutenir, ni assez de volume pour les recouvrir suffisamment. Les *bras* participent assez à l'état de l'épaule, pour qu'il soit permis de leur assigner une conformation analogue. C'est dire qu'ils doivent être peu chargés. La queue roide, fortement articulée, les oreilles droites, épaisses et sans souplesse, sont deux effets produits par les mêmes causes. Ces organes sont préférables à l'état pour ainsi dire passif, parce que leur mouvement doit participer, tout naturellement, à l'action peu active des muscles qui dominent faiblement dans ces régions.

La *tête* des meilleures laitières est plus allongée que courte et carrée. L'étude comparative des races, à ce point de vue, m'a prouvé qu'il doit y avoir le moins de développement possible dans les parois latérales des joues, en partant du front jusqu'à la ganache ; et, de fait, la tête des animaux de l'espèce s'effile et perd d'autant plus de sa forme triangulaire que l'on arrive dans les meilleures laitières ; elle redevient de plus en plus carrée au fur et à mesure que l'on se rapproche des races robustes et mauvaises laitières.

Le *mufle* humide et fort, recouvert d'une sécrétion jaunâtre et visqueuse, la *bouche* bien fendue, les *lèvres* épaisses, permettent de supposer que l'appareil digestif, qui commence par ces organes pour se terminer à l'anus, jouit d'une grande puissance fonctionnelle, caractères qui doivent naturellement coïncider avec l'ampleur de l'abdomen dont le rôle important nous est suffisamment connu. Ce principe reçoit une confirmation visible dans les races flamande, hollandaise, boulonnaise, schwitz, qui ont le mufle beaucoup plus gros que les races de travail et d'engrais, parmi lesquelles je citerai les agenaises et les limousines.

On recherche beaucoup dans le bœuf de trait des *fosses nasales* fort ouvertes, parce que cette dilatation indique des poumons vastes et puissants, et une force respiratoire analogue ; mais ce qui est une qualité dans la bête de travail devient un défaut dans la vache laitière, dont l'étroitesse des cavités nasales correspond ordinairement à un appareil respiratoire qui se trouve dans des conditions d'étendue analogues. Les animaux auxquels on veut donner de la graisse le plus promptement possible, sans se préoccuper du rendement et de la qualité de la viande, ne doivent pas avoir non plus les ouvertures nasales très développées. C'est aussi ce qui a lieu dans les races reconnues les plus aptes à prendre rapidement de la graisse.

Quand le *poitrail* est petit et ne s'éloigne pas fort du garrot, la poitrine est moins profonde, et les muscles moteurs de l'organe respiratoire moins puissants. Si c'est une qualité de premier ordre, que la bonne bête de boucherie possède un poitrail large et arrondi, des épaules très volumineuses ; ce n'en est pas un défaut moindre, au point de vue de la lactation, quoiqu'il nuise essentiellement à la beauté des formes.

2° **Fanon.** — La finesse du fanon indique également la finesse du squelette et de ses adhérences. J'ai constamment rencontré peu de fanon sous l'encolure des meilleures laitières France et de l'étranger. Le fanon plissé et flottant sous la poitrine, dans certains pays du Midi, me paraît être un signe moins défavorable que pour des contrées telles que le Nord ; parce que la chaleur doit déplisser davantage, sans aucun doute, les tissus cutanés de l'animal. Il existe parfois dans le fanon une partie dure qui met en grande faveur la bête qui la porte. On appelle cela un *cartilage*, dans les contrées où ce signe est en réputation, parce que ce sont des tissus qui ont acquis une certaine roideur, par suite d'un rapprochement excessif. J'ai assez souvent rencontré ce signe sur d'excellentes laitières pour me permettre de lui faire prendre rang parmi les caractères d'une certaine importance pour les observateurs.

3° **Fossettes du dos.** — Presque tout se lie pour tendre vers un but commun dans les combinaisons systématiques de la nature. Un caractère correspond presque toujours à un autre d'une valeur égale ou approximative. Un cultivateur me disait dernièrement qu'il lui suffisait de placer le bout du doigt dans les petits creux que laissent entre elles les apophyses épineuses des vertèbres lombaires qui avoisinent le dos, pour apprécier à l'avance le degré de développement du creux qui se trouve à la pointe de l'épaule, et des fosses qui se tiennent sous le ventre. Reportant aussitôt ma pensée sur les conditions générales de conformation des bonnes laitières, je fus frappé de cette observation. Chez celles-ci, d'ailleurs, les vertèbres sont peu chargées de chair et de graisse, et reliées entre elles par des articulations assez peu prononcées pour donner naissance à ces petits creux, que nos ménagères appellent si pittoresquement *les sources du dos.* Une autre cause vient, sans doute, s'ajouter encore à celle-ci dans la production de ce caractère, toujours accompagné d'une grande longueur de reins, il est important de le constater. Je suis d'avis, on le verra par la suite, que les reins s'allongent simultanément avec le ventre, sous l'influence toute mécanique d'une nourriture volumineuse et peu nutritive administrée dans le jeune âge; or, ne s'ensuit-il pas qu'en s'écartant, les apophyses des vertèbres ont dû laisser entre elles un intervalle assez sensible pour prendre le nom de fossettes du dos? Ces caractères, qui, comme beaucoup d'autres, perdent de leur valeur lorsqu'ils ne s'accordent pas avec d'autres signes accessoires, sont plus remarquables sur les vaches maigres que sur les vaches grasses.

4° **Fossette de l'épaule.** — Quant au creux qui se trouve

entre l'acromion et la tête de l'humérus, à la pointe de l'épaule, je l'ai souvent rencontré sur de bonnes vaches boulonnaises et flamandes, d'une largeur assez forte pour pouvoir y introduire le bout de trois doigts. Les marchands du pays donnent à cette fosse *acromienne* le nom de *fossette de l'épaule*, et elle est pour eux d'une grande importance, sans qu'ils puissent s'expliquer pourtant la cause de son mérite. Elle est le résultat du peu de tissu graisseux qui entoure l'acromion, et du médiocre développement des muscles qui forment l'articulation de l'épaule, ce qui rentre parfaitement dans le cadre que je me suis tracé. Je ne reviendrai point sur les explications que j'ai mainte et mainte fois fournies, sous ce rapport, dans le cours de mon travail : je me bornerai à dire ici qu'il m'est précieux de voir confirmer par la pratique ce point, qui, quoique secondaire, a sa valeur, sa raison d'être, et se rattache à nos caractères physiologiques de premier ordre. Chaque pièce de la machine concourt à un ensemble complet, si minime qu'elle paraisse se présenter à l'œil de l'observateur.

5° **Beurrin.** — Je ne dois pas oublier de signaler ici une espèce de corde, à laquelle nos ménagères du nord de la France donnent le nom de *beurrin*. Ce corps glanduleux, placé sur la route des vaisseaux lymphatiques qui partent de tous les points de la circonférence pour se rendre vers un centre, au lieu de prendre un cours circulaire comme les veines, occupe une position verticale dans le milieu du flanc. Il semblerait avoir été fixé à cette place pour activer le cours de la lymphe. On le dit formé par un ganglion allongé qui se prolonge parfois très fort du côté du bas du flanc, dit la hampe, et vers lequel converge en outre une partie des cordons lymphatiques des mamelles. Ce serait là, selon moi, un des signes assez caractéristiques du tempérament sécréteur, puisque son état correspondrait assez souvent au degré d'aptitude des vaisseaux mammaires, et indiquerait un développement analogue des ganglions et des vaisseaux lymphatiques qui les traversent, pour déboucher dans le canal thoracique. J'ai cependant rencontré d'excellentes laitières sur lesquelles ce caractère était peu prononcé. La vache passe pour bonne beurrière quand cette corde est dure, forte, bien nette et peu entourée de tissus mous. Grosse, molle, et comme enveloppée de tissu cellulaire, elle indiquerait plus spécialement de l'aptitude à prendre de la graisse, parce qu'elle accuserait un tempérament lymphatique accompagné de plus de développement et de mollesse dans les cellules graisseuses, quand, dans le cas précédent, elle serait particulièrement le signe probable de l'énergie d'un ordre d'organes intérieurs favorables à la lactation. C'est donc un signe qu'il est bon de consulter avec les autres, bien que je ne lui accorde qu'une valeur fort secondaire.

6° **L'œil.** — C'est ici le moment de parler de l'œil. Je me suis longtemps demandé quelle pouvait être la cause de son épanouissement et de sa limpidité chez les bonnes laitières, s'il ne suffit pas de considérer ces qualités comme la révélation d'un mode de perfection organique particulier aux animaux de l'espèce bovine qui se distinguent par leur aptitude lactifère. Il est reconnu que les lymphatiques sont riches en nerfs; et, de même que dans l'espèce humaine, qu'on me pardonne cette comparaison, les personnes blondes ont le regard limpide et doux, de même aussi le rayonnement de l'appareil visuel des meilleures laitières est déterminé par une espèce de tension fébrile et incessante de l'organisme due à l'action énergique des muqueuses mammaires, ou, ce qui vaut mieux, à la prédominance du tempérament lymphatique et à l'état pulmonaire, dont la sécrétion lactée n'est qu'une conséquence. D'ailleurs, les yeux des personnes maigres ressortent mieux que ceux des personnes grasses et musculaires; or, j'en ai conclû, par analogie, que les arcades de l'œil des laitières supérieures étant minces et peu charnues comme la tête, cette disposition anatomique, qui tend à élargir la force orbitaire, devait faire ressortir l'organe de la vue, sans cependant qu'il soit relativement plus gros que celui d'autres animaux de l'espèce dont le globe paraît renfoncé dans son orbite. Mes nombreuses observations sur l'organe de la vision, dans toutes les races, me permettent d'affirmer qu'il fournit un des signes les plus constants de l'aptitude laitière, et même d'engrais. La race anglaise d'Ayr, dont on a pu admirer la gracieuse physionomie au concours universel de cette année, se distingue entre toutes par ses beaux grands yeux pleins d'une lumière douce et chatoyante, et je n'hésite pas à la placer immédiatement, après la flamande et la hollandaise, à la tête des meilleures laitières de l'Europe.

Je l'ai dit et redit : les formes anguleuses de la bonne laitière sont peu agréables à l'œil de celui qui ne voit que certains détails, sans s'occuper de l'ensemble et de l'harmonie du modèle. Regard, attitude, formes, allure, tout donne cependant une distinction particulière à ce type féminin que j'ai essayé de faire circuler devant vos yeux. La vache qui ressemble au taureau a les formes rondes au contraire, l'encolure vigoureuse, la tête en l'air, les bras solides, le poitrail ample, l'œil hardi, la démarche cavalière et le trot rapide. Il n'est pas de cultivateur qui n'ait eu occasion de rencontrer ce genre de vache, quelquefois désaisonnée, coureuse ; taureau pour le coup d'œil, mais modèle détestable comme lactation.

La remarque que je fais ici pour l'espèce bovine, j'en retrouve l'application dans les gallinacés qui peuplent nos basses-cours. En effet, les poules grasses, batailleuses, les bavardes qui ont cinq ergots, et qui chantent comme le coq dont elles revêtent les belles et vives couleurs, ne pondent presque pas, ou ne pondent plus un seul œuf. Cela est connu de toutes les ménagères.

Eh bien, quelle est la conclusion à tirer de ces deux faits ? La voici : Il est prudent de se défaire des vaches dont l'allure et les formes se rapprochent trop près de celles des taureaux, comme il est bon d'accorder peu de confiance à celles dont les tissus se chargent de beaucoup de graisse pendant la lactation. Il y a fort peu de chance, dans ces deux cas, d'en faire des laitières plus que médiocres. Par suite de cette règle, choisissez pour reproducteur un taureau dont les formes se rapprocheront de celles d'une bonne vache laitière, d'autant plus que le taureau a plus d'influence que la femelle sur l'amélioration de l'espèce.

CHAPITRE XII.

LA QUEUE.

Nous aurions pu faire figurer la queue et les cornes dans le chapitre précédent, mais l'importance qu'on leur accorde dans le commerce de certaines contrées de la France m'engage à leur consacrer un chapitre spécial.

La queue fournit parfois d'assez bons renseignements sur les bêtes laitières, et même d'engrais. Les premiers os coccygiens qui se détachent de la croupe, avec laquelle ils font continuité par le sacrum, lui donnent naissance. Elle n'est donc, pour ainsi dire, que le prolongement des vertèbres lombaires. On comprend dès lors pourquoi la grande longueur de la queue puisse être ordinairement le résultat de la longueur des reins et du peu de développement longitudinal de la poitrine, comme la finesse de son origine résulte souvent, ce me semble, de la finesse de la peau et de la colonne vertébrale, en un mot, des tissus osseux et charnus de l'animal. L'état de cet appendice nous ferait donc revenir, en dernière analyse, à une question d'assimilation. C'est à ces dernières qualités qu'il faut attribuer les replis de peau qui descendent de la base de la queue sur les côtés de l'anus. Les bonnes laitières ont presque toujours la queue mince, ou du moins peu forte et assez égale dans la région des os tubéreux qui forment l'assemblage de sa base. Partout ailleurs elle doit être longue, fine et très flexible. La grande longueur de la queue, de bonne remarque dans les types variés d'une même contrée, peut n'être aussi que le signe distinctif d'une race primitive et constante, un simple ornement de l'animal. Le panache de la charollaise balaie la terre, et chacun connaît le peu d'aptitude de cet animal à produire du lait.

Lorsque le bout de la queue est recouvert d'une couche grasse, jaunâtre et furfuracée, et que les crins qui lui servent de balai sont très fins, on peut dire avec une certaine assurance que la vache doit être bonne beurrière. On trouvera l'explication de cette sécrétion cutanée à l'article PEAU, quand nous étudierons les relations fonctionnelles qui existent entre cette membrane et les mamelles.

Les bêtes d'engrais qui doivent faire du poids et de la chair belle et riche en principes nutritifs ont la queue conoïde et grosse à son origine, comme pour témoigner de l'état de vitalité dans lequel se trouvent les autres organes; elle s'amincit rapidement ensuite et reste fine jusqu'à son extrémité osseuse, qui va rarement chez elle jusqu'à la pointe du jarret. Les reins sont ordinairement moins longs quand elle est courte, et dans ce cas l'animal a plus de qualités comme bête d'engrais.

Nous disons que chez les bonnes laitières la queue doit être longue et dépasser la pointe du jarret par son extrémité osseuse; mais, la croupe a souvent différentes directions et n'est pas toujours également relevée à son origine. Or, il est nécessaire de tenir compte des différentes attitudes que cette région peut offrir, pour être exact dans le mesurage d'un organe qui peut fournir assez souvent des indications erronées, si l'on n'a pas soin d'en rattacher l'état à d'autres caractères physiologiques plus importants.

CHAPITRE XIII.

LES CORNES.

Le volume des cornes frontales, dont la longueur est variable selon les races, devrait être constamment subordonné au volume de la tête ; cependant il n'en est pas toujours ainsi. M. de Bu zareingues a constaté dans une étude remarquable qu'il a faite sur la peau, que le derme des animaux qui ont une peau distincte semble offrir les conditions de position, de développement et de structure analogues aux enveloppes testacées des mollusques et aux parties cornées qui servent de squelette aux invertébrés, tels que les insectes; puis, jugeant du simple au complexe, ainsi qu'a procédé la nature, il en a conclu, par analogie, que dans les organisations les plus élevées dans la série animale, le derme représente les muscles, et, conséquemment, que les poils des mammifères, les cornes, les sabots des ruminants et des pachydermes, le bec et les plumes des oiseaux, les écailles des tortues, ne sont aussi, comme le derme, que le tissu musculaire à l'état rudimentaire. Or, chez les bonnes laitières, chez celles de race principalement, les tissus internes étrangers à la peau étant peu développés, cette peau doit être fine ainsi que les poils auxquels elle donne naissance, et les cornes, qui ne sont qu'une dépendance de ces organes, doivent se présenter dans les mêmes conditions de texture et de développement. Tel est le premier aperçu qui s'offre à ma pensée, quand je recherche les différentes causes qui exercent plus ou moins d'influence sur le développement des cornes. Mais, je trouverais immédiatement une exception dans la vache hollandaise qui a la peau d'une épaisseur moyenne et les muscles assez développés, si je ne savais que dans les animaux de cette race, l'ampleur de l'abdomen, et par conséquent des organes digestifs puissants, exercent une prédominance d'action suffisante sur les organes des parties antérieures, pour donner de l'aptitude à la production du lait. Or, il est encore un autre principe moins susceptible d'exception peut-être que le premier, c'est que les sels calcaires détournés par les mamelles servent d'autant moins à l'accroissement des os et des cornes, qui en sont avides et les font entrer dans leur composition, que la sécrétion laiteuse est abondante. Enfin, pour ne rien omettre, même d'assez minime, ne semble-t-il pas qu'une tête et une encolure peu fournie de chair musculaire, des os peu volumineux, ne sauraient procurer des sucs nutritifs abondants au tissu réticulaire qui a besoin de se réparer et de vivre comme les autres parties de la machine animale ? Quoi qu'il en soit, il n'est pas trop rare, en dehors des races pures surtout, de rencontrer des vaches qui sont bonnes laitières avec d'assez fortes cornes, ou ce qui l'est encore moins, de mauvaises laitières qui portent des petites cornes. Mais, les exceptions, si nombreuses qu'elles soient ne prouvent rien contre le principe, toujours vrai, à moins qu'on n'ait affaire à des animaux sans race, dont les disproportions ont été transmises par hérédité, ou qui portent des cornes se rapprochant de celles du mâle mauvais reproducteur comme aptitude laitière ; ou bien encore, à moins que l'animal n'ait acquis ou perdu de l'aptitude pendant la croissance, sous l'influence des circonstances que nous avons énumérées dans notre partie critique de l'écusson, et dont l'une des principales est l'alimentation.

Ainsi, les cornes minces, effilées, plutôt plates que rondes, peu vivaces et par cela même blanchâtres et luisantes, tels sont les caractères généraux que l'on distingue dans une bonne race ; et ce n'est point là le résultat du travail d'un jour. La laitière qui a le devant rétréci, la peau fine ainsi que le poil, et qui sécrète plus qu'elle n'assimile, ne saurait porter des cornes si vivaces, si grosses, si rondes et si foncées que le mâle de son espèce dont la peau est ordinairement plus épaisse et les parties antérieures plus développées. Ce sont là des distinctions que je ne cesse de reproduire, parce qu'elles ont une importance fondamentale.

Quand je dis que la texture plus ou moins fine de la matière cornée coïncide ordinairement avec l'état des poils et de la peau qui, on le sait, sont unis par les liens d'une étroite dépendance, ce n'est pas que je manque de faits à produire à l'appui de ma théorie. Ainsi, la teinte de la corne offre différents rapprochements avec la couleur des poils du front, souvent mélangés comme elle ; les cornes des béliers sont d'autant plus rugueuses et contournées en spirale, que la laine est elle-même plus plissée, plus vrillée, et plus élastique; et les cornes longues des chèvres ont également une texture analogue à celle de leurs poils. L'espèce caprine de la haute Égypte est revêtu d'un poil peu long et très fin, et porte aussi des cornes très petites. Ces divers rapprochements semblent nous prouver suffisamment que la matière cornée, soutenue par un axe osseux, n'est pas le produit pur et simple d'un prolongement du front, mais d'une agglomération de cornets fibreux emboîtés les uns dans les autres, et formés par le rapprochement intime des bulbes pileux dans l'épaisseur du derme.

Personne n'ignore qu'après la castration, les cornes des bœufs s'allongent et se contournent comme celles des vaches et perdent le ton vivace qu'elles avaient avant l'ablation des organes reproducteurs: c'est qu'alors la peau s'épaissit, que la matière cornée s'empare de la soude, du phosphate de chaux et d'autres principes organiques qui se trouvaient détournés précédemment par le travail sécréteur de l'appareil génital, comme ils le sont par les mamelles. D'un autre côté, chez le mâle, la vie semble se concentrer entièrement dans les parties qui servent à la reproduction de l'espèce ; or, si cette fonction éminemment vitale disparaît de l'économie, le sang dont elle avait besoin, et qui par cela même était entraîné abondamment dans l'atmosphère où elle s'exerce, est reporté vers les autres organes qui s'approprient les matières analogues à chacun d'eux. Il reste donc bien établi, ce me semble, que les appareils sécréteurs du lait et du sperme exercent une grande influence sur la peau, les cornes, les os et les tissus charnus qui contiennent des principes élémentaires analogues.

Si, dans le bélier, la mutilation arrête la croissance des cornes, c'est qu'ici la laine devient spécialement un organe d'appropriation à la place du tissu réticulaire, et l'augmentation du suint, de la toison, le prouve suffisamment. Il est à remarquer que si ce résultat est encore le produit d'une sécrétion devenue plus active, on peut l'entendre aussi dans ce sens, que par le fait, il y a en même temps diminution d'activité des organes cérébraux, avec lesquels les parties sexuelles ont des relations sympathiques. Ce serait également en vertu de cette dernière loi physiologique que le chapon resterait privé d'éperon et de crête. Comme on le voit, les rôles ont changé avec le bélier, dont la peau ne s'épaissit pas comme celle des bœufs par la castration : le tissu pileux a prédominé sur la matière cornée, au point d'en arrêter la croissance.

Dans les contrées où des cornes petites sont réputées comme formant un caractère très distinctif des meilleures laitières, certains marchands, dans le but de tromper en même temps sur l'âge, ont soin de les raccourcir, de les râper, les lisser avec du verre, jusqu'à la disparition de toutes les inégalités; mais l'absence des cercles, la perte des formes normales, et l'inspection des dents font reconnaître facilement cette ruse grossière.

Les bœufs de la Hongrie, qui vivent au milieu des steppes, dans une plaine sans égale qui s'étend entre le Danube et la Theiss, sont les plus curieusement coiffés de tous ceux connus : dans quelques-uns de ces bœufs qui se trouvaient à l'exposition de cette année, les cornes emportaient plus de sept pieds et demi d'envergure à leur extrémité, sur quatre pieds et demi de longueur. Quant aux différentes figures décrites par ces appendices, on ne saurait les considérer que comme des caprices de la nature.

CHAPITRE XIV.

LA PEAU.

Considérée comme enveloppe cutanée, la peau offre dans les animaux domestiques des différences essentielles, quant à son épaisseur, sa texture et sa couleur. Pour bien juger de son importance physiologique dans la vache laitière, il est nécessaire de connaître sa structure, ses principaux usages et ses relations anatomiques et fonctionnelles avec les autres organes qui influent directement sur la lactation.

La surface extérieure du corps, les cavités intérieures qui communiquent avec le dehors, telles que les organes digestifs, génitaux, mammaires, etc., sont revêtues d'une membrane qui est partout en continuité avec elle-même et ne forme réellement qu'un seul tout. La portion de la membrane tégumentaire générale qui se reploie en dedans pour tapisser les cavités intérieures est appelée *muqueuse*, et l'on nomme peau celle qui occupe la surface libre du corps : les diverses expansions membraneuses qui forment le système muqueux ne sont donc qu'une continuité du derme.

Les principales fonctions de la peau consistent à rejeter au dehors une humeur nuisible et à produire ainsi dans la masse des fluides une dépuration nécessaire ; ensuite, à faire entrer dans le torrent de la circulation une partie des fluides qui viennent la baigner à sa surface. Dans ce dernier cas, elle devient donc, surtout quand elle est fine, un organe d'absorption avec les muqueuses qui tapissent les cavités digestives et respiratoires. Tels sont les principaux usages de la peau. Son épaisseur est ordinairement proportionnée au degré de développement de la poitrine ; j'ai eu l'occasion de le démontrer plusieurs fois. Elle constitue déjà suffisamment, par elle-même et avant tout, un indice propre à faire apprécier les qualités laitières d'un animal ; les caractères qu'elle va nous fournir maintenant ne seront bons qu'autant qu'ils pourront nous révéler le mode d'organisation interne de la laitière, et son influence lactifère.

L'estomac et les intestins influent d'une manière spéciale sur la peau, dont la structure est éminemment vasculaire, et j'ai dit quelle immense importance j'attache à l'exercice puissant et régulier des organes digestifs dont *l'étendue des muqueuses est toujours proportionnelle à celle de l'enveloppe cutanée.* On sait que si ces organes fonctionnent mal ou sont irrités par une cause quelconque, la peau est immédiatement soumise à cette influence irrégulière, et devient, pour ainsi dire, le thermomètre de l'état fonctionnel et pathologique de l'animal. Les relations qui existent entre la peau et les glandes mammaires ne sont pas moins intimes. Lemaire nous cite, dans ses publications, un fait qui le prouve mieux que des raisonnements. « Lorsque Ketthly, vache de l'institut de Grignon, est bien nourrie, dit-il, il suffit, même au huitième mois de sa gestation, de retarder la traite pendant quatre à cinq heures, pour que la peau et le tissu cellulaire sous-cutané se gonflent et se durcissent par larges plaques épaisses de 2 à 5 centimètres. Deux heures après la traite, les symptômes de cette métastase laiteuse ont complétement disparu. »

Ainsi, puisque la peau a des rapports anatomiques, fonctionnels, sympathiques, avec la muqueuse de l'estomac, du tube intestinal et des mamelles, il paraît hors de doute que si une enveloppe épaisse et courte recouvre des tissus charnus et osseux bien développés, par suite de la puissance respiratoire, la texture des mamelles offrira ordinairement les mêmes conditions de texture peu vasculaire, et les muqueuses digestives participeront également à ce défaut d'extension et de puissance élaboratoire. Ce qui modifie la membrane tégumentaire qui recouvre la surface du corps, influe également sur la portion de la membrane intérieure qui n'en est qu'une continuité : de sorte que l'activité de l'une est toujours proportionnelle à l'activité de l'autre ; d'un autre côté, une peau dure, adhérente et sèche, si elle n'est pas le résultat d'un état maladif, est souvent l'indice d'une structure intérieure peu riche et d'une constitution analogue. Fine, souple, lâche, détendue, la peau signifiera toujours, au contraire, étendue relative des voies digestives, matières nutritives élaborées en raison de la vitalité, de la puissance absorbante et exhalante des muqueuses, régularité dans les fonctions, sécrétion laiteuse abondante, et engraissement facile.

Ce n'est pas à dire pourtant qu'il n'existe d'excellentes laitières que dans les animaux à peau fine seulement ; les vaches schwitz, bernoises, fribourgeoises ou hollandaises sont là pour prouver qu'il se trouve de bonnes laitières dans les races à peau épaisse ou moyenne, mais souple et détachée. Ce développement cutané, presque toujours en rapport avec celui des muscles, qui eux-mêmes ne sont bien évidemment ici, comme d'ordinaire, que le résultat d'un développement pectoral analogue, semble, à première vue, contraire à la lactation ; mais ces défauts de forme dans les parties antérieures et l'enveloppe du corps ne sont, pour ainsi dire, qu'apparents, si l'on examine chez ces animaux l'état favorable des parties postérieures, et que l'on compare en même temps les vastes proportions du ventre avec celles de la poitrine ; en d'autres termes, c'est qu'ici, comme dans les cas analogues, les forces sécrétoires qui se révèlent principalement par le développement du train de derrière et de puissants organes digestifs, l'emportent encore suffisamment, dans le mouvement économique, sur les forces assimilatrices qui rendent propres à l'engraissement ou au travail. Du reste, la question de conformation écartée, disons que dans cette race comme dans toute autre, ce sont les individus qui ont le cuir le plus fin, le plus élastique, et le poil le plus soyeux, qui surpassent les autres par leurs qualités laitières.

Mais examinons de plus près les relations intimes qui existent entre la peau et les mamelles, dont la muqueuse n'est qu'une continuité analogue du derme, comme celui-ci n'est que le tissu musculaire à l'état rudimentaire. Quand on connaît bien un principe, il devient facile d'en faire l'application.

La peau offre des endroits où les tissus sont plus souples, plus spongieux, plus extensibles, que dans les autres régions du corps, et la différence des sécrétions cutanées est d'accord avec la variété de structure. Or, les follicules sébacés logés dans l'épaisseur du derme sont nombreux et très développés dans les régions où des espèces de toiles membraneuses circonscrivent de grandes cellules, comme sur les mamelles, à la vulve, et sur le fourreau du cheval. Ces glandes ou ces corps crypteux du derme deviennent, pour ainsi dire, des muqueuses qui, par leurs facultés absorbantes, sécrètent une quantité de matières animales en raison de l'activité des muqueuses génitales, mammaires ou digestives. D'un autre côté, l'eau du sérum tenant en dissolution des sels propres au sang et une petite quantité d'albumine, filtre à travers les parois des vaisseaux sanguins, et laisse à l'intérieur de la membrane qui recouvre le corps une portion des substances exhalées au dehors, en rapport avec le nombre et l'abondance des vaisseaux qui se trouvent dans une région. Cette matière ne contient pas seulement, chez les vaches, une substance grasse albumineuse, mais de l'acide butyrique; et la sueur renferme de l'eau, de l'acide lactique, un principe azoté, en un mot, des sels analogues à ceux qui se trouvent dans le sang et dans le lait. Or, ceci nous explique pourquoi l'on rencontre chez les laitières qui produisent un lait abondant et riche, chez celles enfin dont les glandes sont fort actives, une matière grasse, jaunâtre, au pourtour des ouvertures naturelles, des paupières, sur le mufle, dans la conque des oreilles, sur les mamelles, et dans la région périnéenne. J'ai même retrouvé souvent une matière crasseuse analogue sous la peau plissée du poitrail, de l'ombilic, et au bout de la queue. Les causes qui concourent à une abondante sécrétion de lait produisent le même résultat sur le système cutané. Cela est si vrai que, dans sa jeunesse, l'animal a la peau moins étendue, moins souple, et ordinairement plus épaisse, jusqu'à ce que les muqueuses utérines et mammaires entrent en action par le commencement de la gestation, ou par la lactation après le vêlage. La vache qui ne donne plus doit reproduire à peu près, selon moi, le même phénomène. Chez celle-ci, la peau peut bien encore rester fine, mais une main faite au métier saurait, à coup sûr, la trouver moins souple, moins élastique et moins grasse que celle de l'animal qui donne en plein, à moins que cet animal ne reçoive une alimentation abondante et substantielle ; car alors les facultés absorbantes et exhalantes des muqueuses digestives et des vaisseaux sanguins réparent le vide laissé par les muqueuses inactives des mamelles, remplissent en quelque sorte une fonction double, et produisent à peu près seules le même effet sur le système cutané qu'avec le concours des sécrétions laiteuses. Nous reproduirons ces observations dans l'étude des mamelles, et nous essaierons alors de leur donner une application commerciale. Dirai-je encore ici, qu'après la castration, le cuir du taureau s'épaissit, perd de sa souplesse, en raison de l'inactivité relative des muqueuses due à la disparition d'une sécrétion très active, par l'enlèvement des organes reproducteurs ?

Je ne reviendrai pas ici sur ce que j'ai dit, à l'occasion du ventre, sur les indications d'une peau fine et étendue dans les animaux de l'espèce ovine, au point de vue de la production du suint et de la laine. Le rôle que l'appareil digestif joue avec la respiration dans les sécrétions nous est suffisamment connu, ainsi que les divers caractères qui leur servent, pour ainsi dire, de thermomètre physiologique. Je me contenterai de répéter de nouveau, pour mémoire, qu'une peau étendue est ordinairement fine; que cette finesse indique peu de développement dans la poitrine, les muscles et les os qu'elle recouvre; et que les mamelles sont d'autant plus fécondes qu'elles peuvent s'emparer, dans ce cas, des matériaux devenus inutiles par l'entretien facile des organes locomoteurs. Ainsi, de quelque côté que l'on envisage la question, on arrive à cette conclusion, que les replis cutanés de l'ombilic, de la vulve, de la base de la queue, etc. , replis dus à la grande étendue relative de la peau, sont des indices par lesquels on peut juger que les mamelles pourront sécréter une quantité de lait fort abondante. Mon ami Lemaire, qui a enrichi la science d'une série d'observations intéressantes, nous apprend que dans certaines contrées de la France, et surtout dans le Limousin, le cultivateur attache une telle importance à ce caractère, qu'il n'achète pas une vache sans lui soulever fortement la queue, pour examiner les replis cutanés qui descendent de sa base vers l'anus. S'il n'y a qu'un petit repli, il regarde la vache comme mauvaise; s'il y en a deux grands, elle passe pour bonne; et s'il y en a quatre, dit-il, deux grands de chaque côté, on la paie de plus que celle qui n'en a que deux, 25 francs et même davantage. Quoique n'y attachant pas cette importance exclusive, je suis loin de condamner cet usage, surtout pour les contrées méridionales.

CHAPITRE XV.

LES POILS.

Les qualités du poil, comme celles de la peau, sont très recherchées dans le commerce des animaux de l'espèce bovine. L'état dans lequel se trouve le poil doit être constamment rapporté à celui de la peau qui lui donne naissance par le derme, et lui sert en même temps d'organe de nutrition. Comme la peau elle-même, ses qualités sont subordonnées à l'état musculaire, produit de l'appareil respiratoire, puis aux qualités ou aux défauts des organes digestifs et sécréteurs. Ainsi les bœufs dont la peau épaisse et dure recouvre de fortes masses locomotrices, ont les poils longs et gros, comme les aubracs, les salers, les limousins, et la race d'Angus, sans cornes, du nord de l'Écosse, ou du West-Highland, au poil hérissé, et que dans ce pays on appelle la *vache des fées*. Ce tissu est fin et souple chez les animaux dont l'enveloppe cutanée réunit les mêmes qualités de finesse et de souplesse, comme les ayrshires. Si le poil rude et gros est ordinairement le partage des chevaux communs, surtout quand ils sont mal nourris et pauvrement constitués, tandis que le poil fin et soyeux constitue l'une des qualités principales du cheval de race, pourquoi en serait-il autrement pour les animaux de l'espèce bovine? Les mêmes observations peuvent être appliquées aux bêtes ovines dont la laine varie, comme je l'ai dit, en longueur, en finesse, en souplesse et en élasticité, en raison des qualités de la peau et du mode de conformation. Et à ce sujet, M. Yvart, dont on ne révoquera pas en doute l'autorité, a constaté que le seul moyen d'obtenir beaucoup de laine fine, consistait dans l'emploi des races de petite taille. Les poils tassés, épais, sont en général les caractères distinctifs du bœuf, quand, d'un autre côté, ils sont doux, fins et soyeux chez le mâle et la femelle de l'espèce dont le système cutané est soumis à l'influence de l'appareil génital ou sécréteur.

Les poils peu tassés indiquent une grande étendue de la peau et la finesse qui en est la suite ou l'accompagnement. On comprend qu'en se dilatant, la peau a dû laisser un intervalle entre les poils qui la fournissent, en raison même de son élasticité.

CHAPITRE XVI.

INFLUENCE DE LA COULEUR DE LA ROBE.

Dans les monodactyles et le bœuf, la robe, quoique composée de nuances variées, ne dépend que de trois couleurs primitives : le *noir*, le *rouge* et le *blanc*. La couleur du poil, bonne à consulter pour guider dans le choix d'une race pure, ne fournit pas un indice lactifère sur lequel il soit bien prudent de compter. La nourriture, le tempérament, et surtout la conformation qui réagit sans cesse sur le tempérament, quand elle n'en est pas la cause déterminante, ont une influence essentielle sur le lait, le beurre et le fromage. On pourrait tout au plus prétendre que telle robe est souvent l'indice de tel tempérament; mais c'est une connexion qu'il devient assez difficile d'établir sur les nombreuses variétés de robes et de types que nous fournit la nature, surtout parmi les animaux soumis à l'état de domesticité; puis, il resterait encore à examiner, dans tous les cas compliqués et différents, comment les tempéraments tranchés, ou peu ou point tranchés, agissent comme producteurs ou modificateurs du lait dans les transformations économiques. On le voit, cette complication rendrait souvent les appréciations incomplètes, inexactes, pour ne pas dire impossibles, même avec le secours de la science, dût-on établir une théorie complète sur chaque sujet. La conformation des parties antérieures, ou la respiration, si on le veut, nous donnera des indications bien plus précises; on le verra à l'article LAIT. Reste à savoir, pourtant, si avec une conformation également laitière, une nourriture identique, la variation des robes dans une même race ou dans ses affiliations produit des effets différents sur la quantité et les qualités du lait.

Les robes pâles, lavées ou de couleurs claires, les marques blanches, telles que les balzanes, dénotent généralement une constitution lymphatique, et l'on sait que ce système est favorable à la production d'une abondante quantité de lait; mais ce lait donne moins de crème et un beurre ordinairement moins jaune que celui des vaches à robes très foncées, sans lavures ni traces de blanc. Les vaches blanc pâle, ou louvet clair, donnent aussi un beurre moins coloré. On affirme que dans les pays chauds, les robes blanches ou pâles sont préférables aux robes foncées ; serait-ce par ce motif que la couleur blanche n'absorbant pas les rayons lumineux, il y aurait moins de trouble dans les fonctions, moins de dégagement de calorique, et par suite moins de déperdition, par la peau et les poumons, des fluides contenus dans l'économie ? Je n'oserais pas le croire et l'affirmer. Chez les Flamands, les vaches dont la couleur de la robe est la plus foncée ont la réputation de fournir un beurre jaune et excellent. S'il est vrai que les couleurs foncées ou sombres sont des marques d'une bonne constitution, je serais tenté de trouver dans ces nuances l'indice du tempérament lymphatico-sanguin, et d'attribuer aux vaches qui les portent ces qualités butyreuses si appréciées du consommateur. Ce ne serait pas, ce me semble, trop s'éloigner de la vérité que de ranger les robes d'un rouge foncé ou d'un noir franc, sans aucun mélange de blanc, dans la catégorie précédente. On connaît la réputation des vaches noires. Les vaches qui portent ces dernières couleurs peuvent ne pas atteindre, en général, un maximum aussi élevé que le pelage pâle, indice du tempérament lymphatique dominant, mais leur lait est plus crémeux et leur beurre plus jaune. Les vaches d'un rouge vif, comme le type de Salers, chez lequel le tempérament sanguin paraît dominer, donneraient aussi moins de lait, mais ce lait serait excellent comme matière à fabriquer du beurre et surtout du fromage.

Mais, je le répète, comment accorder ces principes un peu forcés, que je ne livre que sous toutes réserves, et sur lesquels j'appelle un contrôle sévère, avec les robes mélangées des races hollandaise, suisse, normande, bretonne, etc., dont les produits en beurre ou en fromage sont si estimés partout? Et si l'on admet que dans les pays chauds, où les types et les couleurs se dessinent avec plus de pureté, la robe a plus d'influence que dans les pays tempérés, par la même raison, le fait ne rentre-t-il pas, encore une fois, dans les questions de climat et de formes, soumises elles-mêmes à des conditions secondaires qui varient selon les contrées? Je ne crois pas faire preuve d'une bien grande humilité en disant, qu'envisagée sous les divers points de vue que je viens de signaler, la question qui nous occupe reste pour ainsi dire, à l'état d'examen, et y restera encore longtemps, peut-être toujours! Une solution radicale ne me paraît pas possible à établir quand on réfléchit à l'immensité des combinaisons impénétrables de la nature!

CHAPITRE XVII.

LES MAMELLES.

Le volume des mamelles est ordinairement un indice propre à faire connaître le degré d'aptitude lactifère que possède la vache. Véritable foyer d'attraction vers lequel affluent de toutes parts les fluides qui doivent servir à la sécrétion laiteuse, le corps glanduleux exercera une puissance d'autant plus grande que les conduits galactophores, les artères, les cellules, les nerfs et les vaisseaux lymphatiques qui en font partie, en augmenteront le calibre, et qu'il sera fortement aidé dans son action par les autres organes.

Les mamelles doivent être bien détachées, portées en avant ou pendantes en arrière entre les cuisses, sans paraître éprouver aucune gêne. Elles sont molles, douces et flasques après la traite chez les bonnes laitières. Les qualités que nous recherchons dans l'enveloppe générale du corps, nous devons les retrouver dans la membrane qui n'en est que la continuation, assez déployée pour recouvrir la surface du corps glanduleux. La peau du pis doit être fine, souple, grasse, élastique, de couleur jaune pâle, bien détachée, et s'allonger comme de la pâte sous un tiraillement délicat ; quant aux poils qui la garnissent, ils doivent être doux, fins, lisses, lustrés et peu tassés. Les poils sont d'autant plus tassés que la peau est courte. J'ai dit par quel mécanisme son élasticité produit un effet contraire. Le lait est maigre quand les poils sont longs, décolorés, rogneux, rares, au lieu d'être frais et vifs. Le plus ou moins d'activité des vaisseaux sanguins des glandes mammaires produit ces deux résultats opposés. J'ai rencontré pourtant, mais rarement, des poils grossiers et clair-semés sur une peau fine.

On est susceptible de se tromper, si l'on s'en rapporte seulement au volume du pis comme moyen d'appréciation, insaisissable sur les veaux, les génisses, et généralement sur les vaches écoulées. De deux vaches placées dans des conditions identiques de conformation et de poids, l'une peut offrir des mamelles d'un volume plus considérable, et sa supériorité sur l'autre n'exister que dans l'apparence. J'ai vu souvent bien des personnes se tromper sur la valeur lactifère de deux pis d'un volume égal, et parmi elles de très bons marchands. C'est que le pis peut être charnu au lieu d'être fin, pour employer l'expression consacrée. Mais entre savoir qu'un défaut peut exister, et le reconnaître quand il se dérobe à la vue, il y a une immense différence, et c'est le cas qui se présente ordinairement ici. J'espère vous faire partager l'opinion que je me suis formée à cet égard à l'aide de l'étude et de l'observation.

On reconnaît le pis charnu à la fermeté et au volume que les glandes conservent quand elles sont vides, puis à la dureté, à la résistance qu'elles opposent à la pression du doigt quand elles sont pleines. On doit donc examiner tout d'abord si les glandes sont molles, douces, déprimées et flasques, ou si elles sont assez fermes et assez massives pour n'offrir aucune élasticité. C'est déjà là un côté important de la question ; mais, la peau et les poils qui recouvrent cet organe nous fournissent des indications auxquelles je ne crains pas d'accorder la préférence. La peau dont les pis charnus sont revêtus est plus dure, plus grosse, plus adhérente, moins colorée, et si on la roule entre les doigts, en la tiraillant suffisamment, on sent que les tissus lamineux par lesquels elle se rattache immédiatement aux glandes ont un développement très prononcé. Ce n'est donc plus qu'une proportion à établir entre ces derniers organes et les tissus glanduleux. Mais ce n'est pas tout : si une peau épaisse, et par suite fournie de gros poils, est ordinairement moins souple et moins vasculaire, on peut en conclure que la muqueuse mammaire, qui n'est, je le répète, qu'une continuité analogue du derme, et les tissus grenus qui la forment et reçoivent le sang exhalé pour le transformer en lait, sont également plus durs, plus épais et moins vasculaires. Les défauts des organes intérieurs se mesurent aux défauts de la membrane tégumentaire extérieure sous laquelle on doit voir de grosses veines produire de belles ondulations, pour trouver un degré de finesse nécessaire. Le nombre, la puissance et l'activité de ces veines se révèlent par la couleur jaunâtre de la peau. Le pis charnu est donc celui dont l'organisation ne permet de recevoir qu'une quantité de liquide en rapport avec l'étendue restreinte et peu active de ses canaux, et par conséquent de n'élaborer qu'une portion de lait d'autant moins grande que le défaut sera plus prononcé. Ces observations sont également applicables à la génisse. Une main exercée saurait distinguer facilement entre plusieurs jeunes bêtes celles qui auront un pis fin et non charnu.

On emploie indifféremment dans le commerce les mots *graisseux* ou *charnu* comme qualification d'un même défaut; mais il ne faut pas confondre ces deux termes, parce qu'ils ont une signification différente. Les mamelles des races d'engrais sont plus chargées de graisse que celles des races laitières, et cela se comprend sans aucune explication. La bonne vache laitière écoulée et mise à l'engrais, ajoute aussi, de son côté, d'autant plus de graisse à celle qu'elle peut posséder naturellement dans les régions mammaires, qu'elle a l'arrière-main proportionnellement plus développé que les parties antérieures : de nombreux et puissants vaisseaux qui fournissent copieusement du sang aux parties postérieures pour faire beaucoup de lait, en charrient encore aussi abondamment pour faire de la graisse. Il est donc des cas où le pis peut être graisseux et non charnu sur de très bonnes laitières. C'est à l'appréciateur à faire ces distinctions d'après les conditions de formes et d'embonpoint dans lesquelles se trouve le bétail. Je ne reproduirai point ce que j'ai dit sous ce rapport, car je craindrais de fatiguer l'attention, ou de faire un hors-d'œuvre indigne de vous et de moi.

Continuons.

Ainsi que nous l'avons suffisamment établi précédemment, la finesse, le moelleux et l'étendue de l'enveloppe générale de l'animal sont des caractères de premier ordre, puisqu'en premier lieu, ils sont l'indice lactifère des organes digestifs et respiratoires, et qu'ensuite, par l'enchaînement physiologique de la poitrine, de la peau et des glandes, ils dénotent particulièrement des tissus mammaires actifs et féconds ; mais, s'il est des cas, assez rares cependant, où le tissu glandulaire est plus fin que son enveloppe ne paraît l'indiquer, il en est d'autres où la finesse d'organisation des mamelles et de leur enveloppe ne se retrouve plus dans la peau des autres régions du corps. On rencontre surtout ces différences dans les contrées méridionales de la France et sur les races des montagnes, bâties plus grossièrement et sans cesse exposées à toutes les intempéries des saisons, ce qui peut occasionner à la longue le resserrement de la peau, et à la suite, sa dureté et son épaisseur. Ceci serait, pour ainsi dire, une question de sol, de climat, de constitution, et n'aurait plus la même importance, surtout si, sur un même sujet toujours choisi toutefois d'après nos principales indications, la peau des mamelles reste fine et souple. C'est là le point essentiel. Ici, d'ailleurs, comme en toutes choses, les exceptions ne peuvent servir qu'à confirmer le principe.

Nous avons admis en principe que la peau plus grosse et moins souple des génisses commençait à s'amincir et à prendre de la souplesse, du moment que les muqueuses utérines et mammaires entraient en action pendant la gestation et la sécrétion qui suit le vêlage. Je ne reproduirai point ici l'explication que j'ai fournie sur l'activité respective des muqueuses. Je dirai seulement que cette relation sympathique entre la peau, l'utérus et les mamelles, est tellement vraie, que l'état de l'enveloppe qui recouvre les glandes, et des poils qui la garnissent, peut servir à apprécier approximativement à quelle époque de la lactation la vache se trouve après le vêlage. En effet, si les sécrétions muqueuses sont actives comme dans les premiers mois qui suivent le part, la peau du corps, et principalement du périnée et des mamelles, est le siége d'une activité proportionnelle qui se manifeste tout d'abord par plus d'élasticité. En outre, elle devient souple, grasse et jaunâtre dans ces deux dernières régions, où des veines actives, flexueuses, et parfois fort apparentes, la sillonnent en tous sens chez les bonnes laitières; puis, les trayons sont allongés, rosés, érectiles, sans rides, et les poils fins, bien nourris et soyeux. Plus tard, quand les muqueuses ne fonctionnent plus si activement, que la circulation se ralentit dans les vaisseaux lactifères; que le lait, devenu moins abondant, se concentre plus particulièrement dans les régions profondes des glandes, la peau perd de son élasticité et de sa souplesse, sa fraîcheur et sa couleur pâlissent ou disparaissent, la vulve se décolore, le poil devient terne, éteint et sans vigueur, comme l'organe qui le nourrit; les trayons se rident, se renfrognent, et enfin semblent parfois, chez certains sujets, remonter dans le pis. Quant au corps des mamelles, il subit la même loi de décadence : ses glandes se dépriment, se déforment, se resserrent, et prennent des directions anormales, si elles contiennent le produit de plusieurs traites accumulées à dessein pour embellir la marchandise.

Ces observations peuvent nous servir de guide dans l'achat d'une vache fraîche ou vieille vêlée, ou qui se trouve à quelques autres époques tranchées de la lactation ; mais il devient difficile, sinon impossible, de consulter avec fruit toutes les nuances intermédiaires qui peuvent se produire jusqu'à la nouvelle parturition. On n'acquiert des à-peu-près, sous ce rapport, que par des observations longues et minutieuses.

Mais, il ne suffit pas de faire remarquer l'influence que l'activité des sécrétions et l'abondance des vaisseaux lactifères exercent sur la peau et la quantité des produits lactés ; il faut dire aussi que la laitière, bonne beurrière, a la peau du pis, et surtout de la région périnéenne, plus jaunâtre, plus crasseuse, plus foncée, et c'est là l'indice d'une qualité produite par la richesse du sang qui parcourt ces régions et des organes qui président à sa transformation. Les meilleures laitières, et surtout les génisses qui doivent être fort productives, ont la peau du pis, et particulièrement celle des trayons, de couleur rose, tirant d'autant plus sur le rouge que l'animal a plus de qualités lactifères. Voilà un fait constant de principe et d'observation : de principe, car cette teinte rosée, due au développement des vaisseaux sanguins qui abondent dans les régions mammaires, ne saurait être que l'indice assuré de la structure vasculaire et peu charnue de l'organe sécréteur. Il ne me reste plus qu'à constater, maintenant, pour être juste et poli envers qui de droit, que Guénon lui-même, en très bon praticien, a su fort bien apprécier, avant nous, la valeur de certains caractères cutanés, puisque dans sa dernière publication, il dit : « Il y a des races meilleures laitières que les autres, qui, à écusson de même surface, donnent beaucoup plus de lait, attendu que le rendement *est toujours* en raison de la finesse du poil et de la couleur de la peau et de l'écusson. »

Le sac lactifère est susceptible de prendre plusieurs formes, Pendant de haut en bas et allongé entre les cuisses, il prend le nom de *pis en bouteille*, à cause de sa forme, que l'on rencontre plus particulièrement dans les races de la Normandie et de la Hollande. Le pis *appliqué au carré* est large, ramassé, moins long, et occupe une surface plus étendue sur les parois du ventre. Sous ce rapport, les vaches flamandes et ayrshires peuvent être citées comme modèle. La première forme est-elle préférable à la seconde, ou celle-ci à la première ? Il est un fait de remarque presque constante, c'est que le pis en bouteille paraît plus flasque et moins charnu immédiatement après la traite, comme chacun a pu s'en convaincre au simple coup d'œil ; mais, j'ai remarqué également que ce genre de pis était plus souvent que l'autre coupé dans le devant. Le pis appliqué, que je regarde comme ordinairement plus charnu, mais doué de plus d'énergie fonctionnelle, gagne en qualité quand il est carré, c'est-à-dire quand deux lobes bien ronds se prolongent en avant de la masse glandulaire sur la partie antérieure du ventre. Les marchands disent, dans ce cas, que *la bête est bien dans son avant-lait*. Quand le contraire a lieu, ils disent que *la bête est coupée de lait dans le devant*; ce qui est un très grand défaut pour l'une comme pour l'autre forme.

Les mamelles des meilleures laitières éprouvent au toucher, et même sous un léger frottement, un degré de sensibilité en rapport avec la délicatesse de leur enveloppe et la vitalité nerveuse des glandes. Il paraîtrait que le système nerveux exerce une grande influence sur le phénomène de la sécrétion du lait. Des vétérinaires capables, et entre autres Lemaire, qui a souvent disséqué des mamelles, m'ont affirmé plusieurs fois, dans nos entretiens sur cette transformation chimique, que les nerfs sont plus développés dans les glandes des bonnes laitières que dans celles des médiocres et des mauvaises, et l'on sait avec quelle autorité ce jeune vétérinaire s'est posé dans de nombreuses questions de son art.

Les mamelles des vaches laitières sont sujettes à des engorgements qui apparaissent sous forme de bosselures arrondies, allongées, et assez étendues parfois pour entreprendre le quart et même la moitié du pis. Cette induration est souvent la suite de maladies inflammatoires assez fréquentes chez les pis charnus dont les canaux excréteurs ont un petit calibre, ou d'engorgements laiteux particuliers aux plus fines laitières, surtout quand elles ont des mamelles volumineuses. Il est prudent de s'en défier, car la sécrétion laiteuse subit une diminution proportionnelle à l'étendue des portions paralysées. Ces accidents peuvent faire perdre un ou plusieurs trayons si des tumeurs obstruent la circulation dans les canaux lactifères, ou peuvent se reproduire sur une partie de la glande à la suite d'une nouvelle parturition. Je dois ajouter que j'ai assez souvent remarqué de fortes bosselures sur le pis des vaches taurellières, et ces vaches étaient presque toutes de bonnes laitières. Est-ce parce que celles-ci seraient plus susceptibles de s'échauffer et de contracter des maladies inflammatoires dues à l'excès du sang veineux ? On serait tenté de le croire.

De fortes mamelles sont toujours flatteuses aux yeux de l'acheteur, aussi les maquignons ont-ils mis en œuvre leurs plus fines ressources pour embellir cette partie de l'animal qu'ils veulent conduire au marché. Leur premier moyen consiste à dénuder le pis de la laitière quand le poil qui en recouvre la partie postérieure est long, pileux, et de mauvais augure. Personne n'ignore la manière d'empisser une vache en en retardant la traite pendant quelques jours, ou en frappant la glande avec le plat de la main dans le but d'activer la direction des courants vers l'endroit irrité ; mais sait-on également que l'on devance *artificiellement l'époque apparente du terme* en piquant les mamelles et les organes génitaux avec des orties? que l'on parvient ainsi à vendre à de maladroits acheteurs comme près de vêler une vache qui n'est peut-être pleine que de sept ou huit mois ? Mais ce n'est pas tout. Certains marchands veulent-ils vendre comme pleine une génisse qui n'a peut-être jamais reçu le taureau ? Ils exploitent cette croyance vraie que les génisses sont pleines quand les mamelles se détachent, prennent de la forme, que la matière albumineuse qu'elles sécrètent est épaisse, collante comme du miel, ou tombe au fond de l'eau en vertu des lois de la pesanteur des corps. Et que font-ils pour cela ? Ils renouvellent leur coupable manœuvre d'urtication pour exciter prématurément les fonctions de l'appareil sécréteur et obtenir un liquide épais qui n'est parfois que du pus sanguinolent. *Ubi stimulus, ibi fluxus.* S'ils ne comprennent pas cet axiome, ils n'ignorent pas du moins la manière de s'en servir méchamment à l'occasion. C'est ainsi que l'on a ramené parfois à la fécondité les mamelles des chèvres stériles ; et cette pratique n'est pas neuve, puisque de son temps Aristote l'enseignait déjà à ses contemporains. Disons-le, en terminant ce chapitre, cette coupable manœuvre n'est, pour certains marchands de mauvaise foi, que le côté artistique du métier ; rien de plus. On appelle cela, en termes d'argot, *travailler le pis.*

CHAPITRE XVIII.

LES TRAYONS.

Le trayons doivent être assez développés pour paraître en harmonie avec le volume des mamelles ; chez les bonnes laitières, ils sont égaux, lisses, gras, colorés comme l'enveloppe du pis, et ils se dilatent promptement sous les doigts de la trayeuse. Par contre, les mamelons camus, ridés, retirés sur eux-mêmes, pâles et sans couleur, déprécient considérablement un animal. Huit jours après le part il semble que la vache a six mois de vêlage.

La vache de travail et d'engrais a presque toujours des trayons petits et pâles. Quant à la longueur de ces appendices, elle est ordinairement en rapport avec le développement du sac dans le sens vertical, et c'est pour cela que les trayons des pis en bouteille sont plus allongés que ceux des vaches d'Ayr, par exemple, chez lesquelles on voit les mamelons se raccourcir et rester gros à mesure que l'appareil sécréteur devient moins pendant, mais occupe une large surface sous le ventre de l'animal.

C'est pour moi un excellent indice quand les trayons sont fort percés et laissent échapper le lait par gros jets et en égale quantité. Les *sinus galactophores*, ou les réservoirs qui occupent le centre de l'organe glandulaire où s'accumule le lait avant d'être rejeté au dehors, auraient alors un développement favorable à la fonction qu'ils remplissent dans l'appareil sécréteur. Des trayons trop volumineux, chez une jeune bête principalement, sont l'indice probable d'un pis charnu. J'ai souvent remarqué que la vache qui portait des appendices de cette sorte était difficile à traire.

La génisse qui a de forts trayons de couleur rosée, promet d'être une bonne laitière. Plus volumineux chez les vieilles bêtes, ils peuvent aussi, parfois, avoir acquis un développement anormal sous les tiraillements d'une trayeuse inhabile. Leur espacement régulier indique également de l'ampleur dans les canaux lactifères, et un travail facile dans les glandes, tandis qu'une direction oblique, irrégulière, anormale, est ordinairement le résultat d'une gêne ou d'une inhabileté dans les fonctions sécrétoires d'une partie des glandes.

Les petits tetins supplémentaires ou les faux trayons, rarement percés, que l'on rencontre assez souvent sur le pis, indiquent-ils une énergie particulière à la glande qui leur donne naissance, énergie due à la grande division des vaisseaux mammaires, ou ne serait-ce qu'un caprice de la nature? Je ne saurais trancher cette question avec certitude, quoique je penche fort à accorder à ce signe une valeur qui mérite une certaine attention comme vascularité glandulaire.

Les taureaux issus des familles laitières offrent presque toujours des caractères analogues à ceux des régions mammaires des femelles. Ils portent même en avant des testicules des petits trayons rudimentaires, souvent au nombre de quatre, chez les mâles que la conformation rend aptes à produire de bonnes laitières.

Des causes accidentelles peuvent parfois faire perdre à la vache un ou plusieurs trayons, ce qui est toujours un défaut très grave quand cette perte est accompagnée d'induration dans le corps glanduleux. On s'assure de l'existence de ce défaut par la manipulation et la traite. Quant aux verrues, aux excoriations, et aux crevasses que l'on rencontre parfois sur les trayons, il est bon de les regarder comme susceptibles de devenir nuisibles, sans y attacher d'autre importance.

CHAPITRE XIX.

SIGNES QUI SERVENT A APPRÉCIER LE TEMPS PENDANT LEQUEL UNE VACHE CONSERVERA SON LAIT DANS L'ÉTAT DE GESTATION.

Les reins et la croupe, puis le ventre, la poitrine, et même la peau, sont les principaux organes qui servent à apprécier le temps pendant lequel une vache maintiendra son lait dans l'état de gestation. Par suite de leur importance physiologique réciproque, aucun de ces organes ne peut varier dans sa forme sans entraîner une modification proportionnelle à sa valeur dans l'ensemble de l'organisation et les facultés de l'animal. Cette vérité va devenir encore plus saisissante en signalant l'influence de chacun de ces organes sur le maintien ou la perte plus ou moins rapide du lait pendant que la vache porte son veau. La chèvre peut-elle, sous ce rapport, nous servir de type pour juger de la vache par analogie de conformation ? Dans l'ordre des ruminants, la chèvre seule ne tarit jamais, parce que, sans doute, elle a ordinairement la poitrine petite, le ventre gros, les reins larges, du flanc, les os minces, et que les fonctions de nutrition sont très minimes, vu l'état grêle de ses muscles. Cette petite laitière, ou pour mieux dire, cette petite machine à lait, s'écoule cependant au bout de deux ou trois mois de plénitude, et va rarement jusqu'au part ; mais cela n'a pas grande importance ici quand on sait qu'elle ne porte que cinq mois, et que l'on réfléchit à la quantité de sang dont l'utérus a besoin pour nourrir deux, trois, et quelquefois quatre petits, ce qui prouve encore une fois que la fécondité de l'utérus se rattache, par des liens organiques intimes soumis à des lois générales, à la fécondité des mamelles. Constatons toutefois que, relativement à la longueur des reins, la croupe me paraît ordinairement un peu courte chez la chèvre.

Une vache qui aurait la poitrine longue, large et profonde, mais peu de ventre, les reins courts, étroits et arrondis, ainsi que la croupe, la peau épaisse, enfin, dont la charpente osseuse serait recouverte de fortes masses musculaires, cette vache s'écoulerait quelques mois au plus après avoir été livrée au taureau. Les facultés digestives ne pourraient suffire à l'élaboration d'une quantité de liquide nourricier suffisante pour alimenter à la fois le fœtus, les muscles, les os et les mamelles; puis, par suite de la puissance respiratoire, les forces assimilatrices prédomineraient, la sécrétion laiteuse deviendrait bientôt presque nulle, et le veau serait souvent petit en venant au monde.

Ces données suffisent pour nous faire comprendre dès maintenant quelles seraient les formes générales les plus convenables pour qu'une vache conservât longtemps son lait. La croupe et les hanches larges, mais plates et non arrondies, la poitrine petite, les reins larges et longs, c'est-à-dire du flanc, le ventre volumineux, les cuisses et le bassin bien développés, la queue mince à son origine, la peau fine, en un mot, de l'étendue dans les parties postérieures sans qu'elles soient trop volumineuses en chair et en os, ainsi que les autres darties de la charpente, et de la légèreté dans le devant, tels sont les caractères qui indiquent que la vache donnera si longtemps, qu'elle atteindra souvent le dernier mois de la gestation sans que les mamelles soient épuisées. L'assimilation ne se faisant, dans ce cas, que dans des proportions très restreintes, les mamelles ne tariront qu'à volonté, pour ainsi dire, et le veau sera d'autant plus fort que l'aorte abdominale charriait une grande quantité de sang dans les régions postérieures, à moins toutefois, il faut le remarquer, que l'abondance de lait constamment fourni dans les derniers mois qui précèdent le part ne nuise à la conception intra-utérine. Alors le veau pourrait encore être petit, par suite de l'action épuisante exercée par les mamelles sur le système vasculaire.

Il est bon de faire remarquer, avant de poursuivre mes déductions, que si la longueur des reins indique principalement une abondante sécrétion laiteuse après le part, la largeur de la région lombaire sert plus particulièrement aussi, de son côté, d'indice pour juger si une vache conservera longtemps son lait; et cela, parce que les reins et la croupe se confondent, pour ainsi dire, par leur étendue transversale, et que souvent même la longueur de cette dernière région, qui a aussi sa part d'influence sur le développement des cuisses, est déterminée par celle de l'autre.

Rendue facile par les bases que j'ai posées, ma tâche le devient encore plus après cette explication; il ne s'agit bientôt plus que de déduire quelques conséquences faciles à saisir. Dans le plus et le moins que je viens de tracer il est aisé de placer des états approximatifs. Ainsi, une vache donnera encore beaucoup de lait si elle a la poitrine petite, le ventre assez vaste et la croupe étroite et courte; mais il est de fait qu'elle donnera bien moins longtemps que celles qui vont jusqu'à huit mois et plus. Quand la poitrine est assez développée pour tenir à peu près le milieu entre les fortes et les faibles, que les reins et la croupe ont en même temps une bonne étendue, comme dans certaines vaches durham, un rendement assez beau, quoique moins élevé qu'avec le type précédent, est encore à espérer; mais, la bête perdra son lait beaucoup plus tôt, surtout si la croupe et les cuisses sont trop chargées. Si vous avez, avec ces derniers caractères, un peu moins de ventre, il arrivera assez souvent que l'animal sécrétera une substance plus animalisée, de la graisse, au lieu de donner plus de lait, s'il est poussé en nourriture, et il tarira promptement. C'est une observation que j'ai été souvent à même de faire dans nos campagnes.

CHAPITRE XX.

DE L'ALIMENTATION ET DE L'ACCOUPLEMENT COMME MOYEN D'AMÉLIORER, AU POINT DE VUE DE LA LAITERIE, LES JEUNES ANIMAUX DE L'ESPÈCE BOVINE.

1° **Alimentation.** — L'homme ne façonne pas seulement à sa fantaisie la matière inanimée, mais il forme et déforme encore la matière vivante. Le jardinier fait à son gré changer d'espèce et de forme à un arbre au moyen de la greffe. Ici les organes sexuels de la plante sont changés en pétales, et par la transplantation de la même plante dans un terrain non cultivé, les fleurs composées sont remplacées par des fleurs simples. Là on obtient des feuilles ou des fleurs, selon que l'on arrête plus ou moins fort, par la taille, les sucs nutritifs dans leur marche. Le jeune sapin veut être planté dans un terrain siliceux pour acquérir des proportions gigantesques, et le peuplier recherche surtout les terrains humides et marécageux. Ces transformations sont encore plus frappantes chez les abeilles. On sait que chez elles la forme sexuelle dépend de telle ou telle nourriture que reçoivent les larves, et que les reines se forment par une espèce de bouillie d'un goût particulier et fournie en abondance par les ouvrières de la ruche.

La citation de ces quelques cas pris dans le règne végétal et animal nous montre déjà suffisamment quelle peut être l'influence de l'alimentation comme source modificatrice des formes; mais Bakewell, simple fermier anglais, nous a bien mieux montré, dans le milieu du dernier siècle, jusqu'à quel point le règne animal peut être modifié entre les mains de l'homme. Cet illustre agronome parvint, au moyen d'une série d'expériences basées sur le bon sens, à créer des races d'animaux domestiques dont la forme répondît exactement à l'usage auquel on les destinait. Les agronomes regardaient la finesse de la laine et le développement des parties charnues comme incompatibles dans les animaux de l'espèce ovine, et le dishley fut offert à l'admiration du monde agricole. Il s'agissait, — chose étonnante! — dans les bœufs destinés à la boucherie, d'obtenir une peau fine et des petits os avec une poitrine vaste et des muscles très développés ; en un mot, d'amoindrir le plus possible les morceaux de rebut au bénéfice de ceux de choix, et il créa tout d'une pièce le bœuf de la race de durham, si précoce, si apte à prendre de la graisse, et dont les masses musculaires sont si considérables, qu'elles forment à elles seules presque les deux tiers du poids total de l'animal.

C'est une loi physiologique reconnue, que les animaux de toutes les espèces apportent presque toujours en naissant les caractères qui sont propres au mâle ou à la femelle qui les ont produits, et parfois encore aux parents les plus proches de ces reproducteurs. Il peut arriver cependant que, parvenu au terme de sa croissance, le jeune animal ne réunisse plus au même degré les qualités inhérentes au type du père ou de la mère, comme aussi il peut posséder des aptitudes d'un ordre plus élevé.

Parmi les causes hygiéniques qui concourent à la modification des influences héréditaires, à la production de tel résultat plutôt que de tel autre, nous pouvons placer en première ligne le mode d'alimentation du bétail pendant toute la période de la croissance. Les Suisses ont si bien compris cette vérité, qu'ils n'entretiennent les formes de leurs vaches que par beaucoup de soin à ne leur donner que la nourriture qui convient. Quand on examine sérieusement toutes les ressources de l'alimentation comme moyen de modification dans la constitution et les formes, on est tenté d'attribuer complétement les qualités ou les défauts des animaux de l'espèce bovine au genre de nourriture du pays où ils naissent et croissent. L'étude des races, faite soigneusement à ce point de vue, fournirait des aperçus d'un immense intérêt pour l'amélioration par le croisement, et d'où résulterait sans doute la meilleure explication des formes et des aptitudes diverses.

On se rappelle ce que j'ai dit du ventre et de la poitrine considérés au point de vue de la sécrétion du lait. Or, si l'on soumet une jeune bête à une alimentation qui, sous un volume considérable, offre, comparativement à la masse, peu de principes nutritifs, la digestion est longue et pénible; l'appareil digestif a plus de travail à faire pour élaborer les matériaux indigestes qu'il renferme, surtout si le chyle se trouve délayé dans beaucoup de liquide; l'estomac se distend en tous sens, et par sa puissante pression sur le diaphragme augmente la courbure de cette cloison, refoule les poumons dans leur cavité, et diminue d'autant la capacité du thorax. C'est alors que le ventre s'allonge, s'avale du côté du bassin, et gagne de la longueur, de la profondeur et de la largeur. Les reins eux-mêmes paraîtraient obéir à ce mouvement mécanique; ils se développent, s'allongent avec l'abdomen par une action simultanée, et soutiennent assez solidement les organes digestifs devenus puissants chez l'adulte. Tandis que ces mouvements ont lieu, cette nourriture peu réparatrice produit un effet inverse sur la poitrine déjà rétrécie par la forte courbure de la voûte qui la sépare du ventre. C'est que si la digestion fournit peu de principes nutritifs, la respiration en a peu à élaborer, et la poitrine reste petite toujours en vertu de cette loi physiologique, qu'un organe se développe en raison de l'exercice auquel il se livre habituellement. Ainsi, soumis à ce régime, les organes de la digestion, dont la puissance est si favorable à la production du lait, auront augmenté d'énergie, mais les organes respiratoires, favorables à l'assimilation et à la force musculaire qui en est la conséquence, auront perdu de leur activité fonctionnelle.

Il est donc, selon moi, de première importance de tenir compte de cette manière de voir dans le mode d'alimentation des jeunes animaux de l'espèce bovine, au point de vue de l'usage que l'on se propose d'en faire au terme de leur croissance. Une nourriture aqueuse et abondante, la stabulation mixte, des boissons chaudes chargées de feuilles, de racines, de son, de l'herbe de prairie mangée en vert pendant une grande partie de l'année, et remplacée par du foin de médiocre qualité, mais donné en abondance, tels sont les principaux moyens à mettre en pratique pour produire un tempérament lymphatique; et l'on sait que les vaches de ce tempérament sont celles qui consomment le plus, qui sécrètent le plus, et qui assimilent le moins. Employer des aliments secs, farineux et variés, des fourrages très nutritifs, tels que la plupart des légumineux, en un mot, nourrir trop bien les jeunes élèves, c'est là un excellent moyen pour obtenir des bêtes de travail ou d'engrais, mais c'est s'exposer à n'avoir que des produits médiocres comme laitage. C'est ainsi que les Nivernais ont amélioré la race charollaise au point de vue de l'engraissement, mais l'ont détériorée au point de vue de la lactation. Notre race boulonnaise, *la vraie*, ne doit ses excellentes qualités qu'aux pâturages peu gras qu'elle trouve sur un terrain d'une vingtaine de lieues de circonférence. Je connais une vache provenant d'un croisement de cette race avec le type flamand, qui donne 40 litres de lait par jour après le vêlage. Elle ne doit ces qualités laitières extraordinaires qui en font un type de beaucoup supérieur à celui de sa mère, et exactement semblable au nôtre, qu'à la manière dont elle a été nourrie étant jeune. Le propriétaire de cette admirable machine à lait, M. Dupuis, médecin à Fampoux, m'a déclaré, sur mes informations, qu'elle n'avait mangé que du foin de marais de médiocre qualité depuis l'âge de quatre mois jusqu'à deux ans. Si M. Guénon avait vu ce type placé en tête de mon livre, et que la main d'une grande et célèbre artiste a bien voulu tirer de son obscurité, ce type à écusson très restreint sur les cuisses, et envahi par deux longs épis descendants qui entreprennent presque toute la région périnéenne; s'il avait pu voir cette vache démesurément longue et étonnamment basse sur pattes, dont les épaules ne sont pas plus fortes que la main, et dont le ventre est énorme, il lui eût attribué tout de suite un rendement de 15 à 20 litres de lait par jour : cette bête, de taille moyenne, en donne 40, grâce aux circonstances dans lesquelles elle s'est trouvée placée pendant sa croissance. Du reste, les congrès agricoles de l'Allemagne se sont occupés sérieusement de la question alimentaire, et le principe que je viens de développer a été reconnu et proclamé. C'est ce qui a fait dire à M. Villeroy : « Beaucoup d'éleveurs, je suis de ce nombre, ont trouvé que la faculté d'*engraisser* augmente chez les bêtes tenues constamment à l'étable et *abondamment* nourries, en même temps que celle de produire du lait diminue. »

2° **Accouplement.** — Il est convenu maintenant en pratique qu'il est possible d'obtenir de bons résultats sous le rapport de la précocité et de l'aptitude à prendre de la graisse en croissant prudemment, sagement, le durham avec certaines de nos races indigènes, que la force musculaire destine spécialement au travail des champs, ou que les formes anguleuses et le resserrement excessif de la poitrine rendent éminemment propres à la laiterie. Le durham-manceau peut être regardé, à juste titre, comme un des sujets les plus parfaits obtenus jusqu'à ce jour, surtout comme largeur de reins, que les étalons anglais sont très aptes à transmettre à leurs produits, même quand ils proviennent de femelles qui sont privées de cette qualité de premier ordre. Sans parler du durham-schwitz, l'amélioration du type charollais, dont la forte ossature et l'épaisseur de peau indiqueraient trop de rudesse dans la constitution, serait encore là pour attester suffisamment le fait, s'il en était besoin, quoique M. Delafond, qui en a fait une étude spéciale dans le Nivernais, regarde ce croisement comme nuisible à notre belle race charollaise. Or, ce qui est possible pour faire des animaux d'engrais, ne saurait-il plus l'être si l'on employait la même méthode pour faire des laitières ? Je crois, pour mon compte, que des alliances entre races diverses réussiraient mal avec des animaux qui ont toujours été soumis à un autre climat, et différents de taille et de structure, par suite de l'influence du sol, du mode d'élevage, de la nature des pâturages et des autres productions agricoles : ainsi, je considérerais comme mauvais, en vue de l'aptitude exclusive à la production du lait, le croisement des races flamande ou normande avec la bretonne, et les causes de cette répulsion, je les trouverais dans les différences de taille et de nourriture. Les alliances boulonnaises et flamandes produiraient, au contraire, d'excellents résultats, au point de vue du lait et de la graisse ; et l'introduction du sang flamand dans la Normandie, faite avec discernement toutefois, produirait des résultats plus heureux encore. Les animaux croisés de cette sorte y gagneraient de la finesse dans les parties antérieures, l'ossature et la peau, sans rien perdre du côté des reins, de la croupe et du ventre. Le succès deviendrait encore moins probable si l'on procédait avec des races qui sont le produit d'une longue série de générations. Ce sont là des obstacles qui entraveront toujours la marche des opérations, et qui finiraient par altérer, corrompre, anéantir à la longue les résultats satisfaisants que l'on pourrait obtenir dans le principe ; car, quand les animaux ne sont pas en rapport avec les conditions dans lesquelles ils vivent, ils se modifient en bien ou en mal, jusqu'à ce que l'harmonie soit rétablie entre les conditions productrices et les animaux produits. Il s'agirait donc, avant de se mettre à l'œuvre, d'étudier à fond les différences ou les rapprochements qu'offrent entre elles les diverses contrées d'où l'on désire tirer les deux types qui doivent servir de base à ces essais d'amélioration, et en cela on ne saurait apporter trop de réserve et de circonspection, si l'on ne veut pas s'exposer à détériorer les aptitudes originelles de l'animal que l'on veut améliorer, et à ne plus posséder que des produits bâtards, décousus et impropres au genre de service que l'on en retire dans les contrées où ils vivent. Pour vouloir pousser trop loin l'amélioration de leurs races, même laitières, nos voisins d'outre-mer n'auraient bientôt plus que des races d'engrais, s'ils ne s'arrêtaient dans leur engouement à introduire partout le sang de leur type à courtes cornes. S'il est bon de perfectionner par le durham celles des races qui, sous le rapport agricole et physiologique, sont les plus aptes à recevoir son alliance, il n'en est pas moins vrai que les laitières de la Manche, du comté d'Ayr, de Kerry, doivent être préservées de l'alliage de ce sang étranger, comme nos flamandes, nos bordelaises, nos bretonnes, nos boulonnaises, etc, ou il est certain que le beurre deviendra de plus en plus rare sur les marchés de Londres et de Paris.

L'accouplement bien dirigé, avec prudence, savoir et discernement, nous fournit un moyen, souvent bien préférable, pour perfectionner par elles-mêmes les races laitières indigènes, sans être obligé de recourir à des croisements d'un succès incertain. Il ne s'agit que de savoir faire un choix de bons reproducteurs mâles, et de les allier avec les familles les plus laitières de la même race et issues de bonnes familles, puisque l'aptitude est transmissible par voie de génération. Un des hommes qui ont rendu le plus de services à l'agriculture, Bakewell nous a montré comment on perfectionne une race, par la création artificielle de ses bêtes d'engrais de Durham et de ses moutons Dishley. Son procédé est simple : il consiste, on le sait, à choisir sans cesse dans la même race, pour les allier entre eux, les sujets offrant au plus haut degré les formes et les qualités recherchées. L'expérience a prouvé cependant, que l'on doit se garder de pousser trop loin l'accouplement dans la même famille, que les Anglais ont appelé *in-and-in*, et les Allemands *in Zucht*, ce qui signifie propager en dedans; les alliances consanguines, au degré le plus rapproché, conduiraient infailliblement à la dégénérescence et à la stérilité. C'est ainsi que la greffe, longtemps perpétuée dans les mêmes espèces, fait perdre aux fruits la faculté de produire des graines.

On a mis en avant des données, des expériences, des principes, des faits, qu'il est bon de connaître pour pouvoir se fixer dans le choix des reproducteurs : Les qualités ou les défauts des ancêtres se reproduisent souvent dans leurs descendants; la taille, surtout celle des produits féminins, proviendrait plutôt de la mère que du père, et selon M. Girou de Buzaneingues, la femelle transmettrait plus spécialement que le mâle les organes internes et les formes externes qu'ils modifient comme celles du tronc et de la croupe; le mâle serait plus améliorateur que la femelle au point de vue de la graisse mais non du lait, par cela même qu'il reproduit plus souvent ses formes externes et surtout celles des parties antérieures. Mais, ce qui est vrai pour la poitrine, la croupe et le bassin, ne l'est plus si souvent pour la tête et même le cou, dans les animaux de l'espèce du bœuf. J'ai été à même d'en faire l'observation sur un grand nombre d'animaux de tous les âges, soumis à une expérience de vingt années, dans la belle vacherie de M. Léon d'Herlincourt, député, et président de la Société centrale d'agriculture du Pas-de-Calais. Toutefois cette remarque n'infirme aucunement des données qui ont pour garantie des documents recueillis pendant toute une longue existence passée dans l'observation de la nature, et dont j'ai trouvé moi-même la confirmation nouvelle, dans le concours universel de cette année. En conséquence, si j'avais plus d'intérêt, comme cultivateur du Nord, placé dans des conditions spéciales d'exploitation agricole, dans le voisinage des sucreries, à produire des bêtes d'engrais plutôt qu'à lait, je prendrais un taureau normand pour l'allier avec une femelle flamande ou hollandaise, et j'obtiendrais de cette sorte un type un peu plus court en général, il est vrai, mais possédant plus d'ampleur dans les épaules et la poitrine; dans le cas contraire, le mâle serait choisi dans ces dernières races, et j'aurais ordinairement une poitrine moins étendue, des poumons moins puissants, d'excellents organes digestifs, les parties postérieures très développées, et par conséquent des laitières très productives. Qu'il me soit permis d'ajouter, pourtant, que le tempérament et l'âge peuvent avoir aussi leur part d'influence dans la reproduction, et mettre le meilleur observateur en défaut.

Les génisses ne doivent pas être livrées de trop bonne heure ni trop tardivement au taureau. Dans le premier cas on diminue la croupe et le bassin, et dans le second on augmente souvent la taille, ce qui, toutes choses égales, est loin d'être ordinairement un signe de bonté. L'âge le plus convenable pour procéder à cette opération est subordonné au degré de développement de l'animal au moment où il entre en chaleur. On ne saurait donc rien préciser à cet égard, si ce n'est pour la vache anglaise de la race durham, et pour les autres races qui, comme la garonnaise, lui ressemblent pour les fortes masses charnues qui dominent dans les parties postérieures. Je l'ai dit précédemment : une gestation précoce a pour effet de diminuer la croupe, de rétrécir conséquemment dans le haut la cavité du bassin et d'augmenter les qualités lactifères. Il se passe ici la même chose que dans l'arbre fruitier dont le bois reste stationnaire si la séve tourne au profit des fruits seulement. C'est ainsi que dans les Indes occidentales on obtient des fleurs et des fruits en opérant un arrêt de végétation par le déchaussement des racines pendant les grandes chaleurs. On a dit que l'âge adulte est le plus convenable pour obtenir d'excellents produits, parce qu'alors les animaux ont acquis et n'ont pas perdu la force dont la nature les a doués; on admet toutefois, et je suis complétement de cet avis, en théorie et en pratique, que le mâle doit être plus jeune que la femelle, et que c'est un peu avant qu'il ait atteint sa parfaite croissance qu'il serait le plus apte à saillir et à donner de bonnes espèces laitières qui croissent rapidement. Il me paraît qu'en procédant ainsi on obvie à l'inconvénient des différences de taille; que l'on obtient ensuite dans les produits des proportions plus régulières dans leur ensemble, et que de plus on transmet plus spécialement le tempérament lymphatique propre à tous les jeunes animaux, et les qualités lactifères qui en sont la conséquence; puis, comme chez le mâle le devant se développe avec le temps, il est évident que celui-ci doit être alors moins susceptible que plus tard à reproduire des formes antérieures nuisibles à la sécrétion du lait. Si l'on voulait augmenter la force musculaire dans une race destinée au trait, on emploierait avec succès des taureaux plus âgés. M. Vaudergoës, cité par sir John Saintclair, a eu près de Hague le plus curieux troupeau de vaches laitières de la Hollande; il attribuait l'excellence de sa race au soin qu'il avait de ne jamais employer que de très jeunes taureaux. (*Agriculture pratique*, t. 1, p. 195.)

Comme on le voit, en modifiant les diverses conditions

dans lesquelles le jeune bétail peut être placé, on imprime à son organisation interne et à ses formes externes certains changements qui le rendent plus propre à tel usage qu'à tel autre; et si l'on n'emploie, pour propager une race, que des produits régénérés, dont on entretient les formes et les aptitudes par les procédés employés pour les obtenir, on parvient à créer des races ou des variétés d'animaux d'un caractère particulier, et possédant à un haut degré des qualités qu'elles n'avaient pas dans l'origine.

CHAPITRE XXI.

LE LAIT,

CONSIDÉRÉ

1° DANS SA NATURE CHIMIQUE;
2° AU POINT DE VUE DES DIFFÉRENTS TYPES;
3° ET DANS SES RAPPORTS AVEC LA CRÈME, LE BEURRE ET LE FROMAGE.

Maintenant que nous avons suffisamment étudié les caractères de conformation des vaches laitières, ainsi que les principales questions qui se rattachent de près aux animaux de cette espèce, entamons le chapitre du lait. C'est bien le moins que nous consacrions un article spécial à ce liquide, qui entre pour 275 millions dans le revenu annuel de la France, rien qu'en portant à 50 francs par tête les 5,500,000 vaches que nous possédons sur notre territoire.

Le lait est une substance un peu plus dense que l'eau, blanche, onctueuse, douce et sucrée, qui vient du sang charrié par les vaisseaux artériels. C'est à tort que plusieurs physiologistes l'ont regardé comme un extrait immédiat du chyle dont il a la couleur, l'odeur suave et la saveur sucrée, puisque les mamelles fournissent du sang, si l'on continue la traite quand elles sont épuisées complétement.

L'élaboration du lait n'a pas atteint un degré de perfection assez élevé pour servir à la nutrition des os et des chairs musculaires ; avant qu'il puisse entrer et se fixer dans les tissus, ce liquide, plus végétal qu'animal, doit subir de nouveau diverses métamorphoses, sous l'action des appareils digestifs et respiratoires. Cela est si vrai, que, rendu en boisson à la vache qui l'a fourni, le lait n'augmente guère le rendement de chaque mulsion, mais influe d'une manière sensible sur l'embonpoint de l'animal.

Abandonné à lui-même, avec ou sans le contact de l'air, et à la température de 8 à 10 degrés Réaumur, le lait se décompose et se sépare en deux parties : le *sérum*, partie aqueuse qui tient en dissolution le *caséum*, et la partie grasse ou *butyreuse*, d'un blanc tirant un peu sur le jaune, qui contient le principe odorant du beurre. Cette dernière substance, divisée en petites bulles renfermées dans une enveloppe caséeuse, comme le jaune d'œuf dans l'albumine, nage dans la masse du liquide.

Le lait se coagule dans un vaisseau clos, soumis à une température de 18 à 20 degrés, et forme un caillot blanc analogue à celui du sang par sa forme et sa densité, sans onctuosité et sans saveur, et qui est du *caséum* mêlé d'un peu de beurre. L'alcool précipite cette matière caséeuse en s'emparant de l'eau contenue dans le lait ; tandis que la présure, comme tous les acides, a la propriété de s'emparer de cette première substance, et de former avec elles un précipité plus ou moins abondant.

Le *sérum* ou le *petit-lait* contient un acide, des sels, un peu de caséum en dissolution, et du sucre de lait, qui se transforme en acide lactique.

La caséine, on nous permettra de l'appeler ainsi à l'état pur, et pour la distinguer de la masse des matières caséeuses, la caséine, qui entre dans la crème montée pour une certaine quantité, et à laquelle le beurre doit ses propriétés les plus caractéristiques et en grande partie sa coloration, est la substance la plus animalisée du liquide. Comme l'albumine, avec laquelle elle a une grande analogie, ainsi que la fibrine, elle contient non-seulement du carbone, de l'hydrogène, de l'oxygène, mais une certaine quantité d'azote, et forme aussi des combinaisons insolubles avec les acides. Sa couleur est donc soumise à son degré d'animalisation, comme l'animalisation est elle-même soumise à la puissance de l'appareil respiratoire.

La caséine se présente encore sous forme de pellicule coagulée, mélangée de matière butyreuse, à la surface du lait que l'on évapore ; mêlée avec la matière grasse, elle constitue le fromage, dont elle forme la base, en reliant les particules solides du lait, et les dimensions de ces particules sont variables comme la forme des individus et les substancesalimentaires qui entrent dans le régime. S'il est vrai que la partie aqueuse diminue en raison du nombre et du volume de ces corpuscules, la substance caséeuse, à l'état d'excès, n'a pas moins pour résultat de faire subir, dans des proportions variables, une diminution à la partie grasse ou butyreuse. Ceci se rencontre surtout chez les sujets à tempérament sanguin qui développent trop de chaleur animale sous l'action d'un travail respiratoire énergique, phénomène qui conduit principalement à la transformation comme à la combustion des matières grasses, et à l'accroissement de la nutrition. Du reste, des différences analogues se remarquent dans le sang, source du lait, où les proportions des liquides et des solides varient non-seulement dans les individus de différentes espèces, mais de même espèce : ainsi, le sang des oiseaux est plus riche en globules que celui des mammifères, dont la respiration est un peu moins puissante, et ces globules sont plus gros et la quantité de sérum plus petite dans le sang de l'homme que dans celui de la femme, dont la constitution est ordinairement lymphatique. C'est ce que paraît avoir très bien remarqué M. Lassaigne, puisqu'il a écrit « que la proportion de crème paraît décroître le plus ordinairement à mesure que la densité du lait devient plus grande. » (*Essai de chim. méd.*, juin, 1832.) Les qualités du lait subissent les variations de nourriture, avons-nous dit ; mais elles trouvent aussi une source puissante de modifications dans la conformation thoracique de l'animal, c'est-à-dire dans la respiration. Si la caséine se rapproche le plus de l'albumine, de la fibrine et de la chair musculaire par sa couleur et son degré d'animalisation, supérieur aux autres parties du lait, il est évident qu'une large poitrine doit faire subir à ce liquide différentes modifications dans les parties principales qui le composent. Pour moi, il ressort de ce principe, que la partie caséeuse, et par suite la couleur, doivent dominer dans le lait qui a subi l'influence d'un appareil respiratoire assez énergique, comme chez la *friburgeoise* le type auvergnat de *Salers* ou la *comtoise* des monts Jura, qui produisent réellement beaucoup et d'excellents fromages ; mais, s'il est d'une qualité supérieure sous ce rapport, ce liquide est fourni en moins grande quantité que par les vaches dont les facultés respiratoires sont plus faibles, comme les flamandes, les boulonnaises, les hollandaises et les bretonnes. Le petit-lait étant très abondant dans le lait des herbivores, il est clair que si une vigoureuse respiration brûle les substances végétales qui le forment, la quantité du liquide sécrété diminue. Le type le plus convenable pour produire à la fois du caséum et de la crème, du fromage et du beurre, dans des proportions relatives, serait celui qui, semblable au *normand*, tiendrait à peu près le milieu entre les deux extrêmes. Ainsi, par exemple, le lait fourni par le type *cotentin* est peu chargé d'eau et très riche en matières butyreuses et caséeuses. On connaît suffisamment la réputation si justement méritée du beurre d'Isigny et de la Prévalaye, puis des fromages de Maroilles, de Cambremer et de Neufchâtel.

Ce n'est pas sans une certaine témérité que je livre ces considérations au monde scientifique et agricole, quoiqu'elles m'aient coûté de longues réflexions et des expériences nombreuses. Dans une matière qui a été si peu soumise, ce me semble, aux investigations de la science, il est bon de ne marcher que pas à pas, et de se garder de perdre un instant de vue les leçons qui nous sont fournies journellement par l'observation pratique. Après avoir suffisamment creusé la question sous ses rapports chimiques et physiologiques, je me plais à reporter mes regards le plus près possible de la nature, parce qu'elle paraît me donner raison par ses œuvres : en effet, parmi les mammifères domestiques, quel est l'animal qui se rapproche le plus de la vache par sa conformation tout entière ? Évidemment c'est la chèvre. Eh bien, c'est aussi le lait de la chèvre qui a la plus grande ressemblance avec le lait de la vache par sa composition et ses propriétés. Quel est maintenant celui qui s'en éloigne le plus ? C'est le lait de jument, lequel ne renferme qu'une minine quantité de matière butyreuse fluide dont il n'est pas possible de faire du beurre, un peu de caséum mou, et beaucoup de sucre de lait, toutes substances très oxygénées qui ont subi le travail d'une respiration excessivement énergique, et contiennent peu de carbone, comme la fibrine. Et que l'on remarque donc alors quel sera le résultat de ma manière de voir si je pousse plus loin les conséquences de mon principe : c'est que le lait provenant d'une vache très richement organisée comme ampleur de poitrine, serait d'ordinaire un peu moins chargé d'eau ; mais, par la même raison, la matière grasse diminuera sous le rapport de la quantité et de la consistance, comme dans certaines vaches suisses de Fribourg et de Berne, et sera moins propre à produire du beurre. Dans le premier cas, l'oxygène absorbé brûlerait beaucoup d'hydrogène, c'est-à-dire de l'eau, et dans le second beaucoup de carbone ou de matières grasses, c'est-à-dire, la crème. Le lait des brebis, dont la poitrine a des proportions relativement un peu plus fortes, donne plus de crème que le lait de vache et de chèvre, mais le beurre que l'on en obtient est plus mou, la partie caséeuse est plus grasse et il renferme moins de sérum. Au bas de l'échelle de l'ordre des ruminants, nous trouvons la chèvre, dont la respiration est généralement si faible, qu'elle fournit un beurre assez solide, mais blanc. Enfin, puisque j'ai parlé du lait de jument, je citerai, pour terminer, le lait d'ânesse, qui semble venir immédiatement après. Ce lait a beaucoup de rapports avec celui de la femme, quoiqu'il renferme un peu moins de crème et un peu plus de matière caséeuse molle ; mais le beurre ne se sépare de cette crème que fort difficilement, résultat d'une alimentation autre que celle de la vache, je le veux bien, mais aussi, principalement, du degré supérieur d'animalisation, produit par une conformation différente de poitrine.

Veut-on maintenant que le tempérament qui a une influence spéciale sur tous les produits de l'économie en ait également une marquée sur le lait? Soit! mais je ferai remarquer alors que conformation et constitution sont deux mots presque synonymes dans le langage physiologique ; or, dire les conséquences de l'un, sous le rapport de la sécrétion lactée, n'est-ce pas dire les conséquences de l'autre ? Si je poussais si peu que ce soit mes déductions en ce sens, je retomberais absolument dans la voie que je viens de tracer. Du reste, je me suis assez expliqué précédemment quant à l'influence des divers tempéraments sur le lait, notamment en parlant de la robe, pour que je laisse au lecteur le soin de compléter mes explications, s'il les trouve insuffisantes.

J'ai établi le principe et quelques-unes de ses conséquences, je bornerai là mes réflexions pour le moment. Il faudrait avoir fait une étude plus approfondie de la composition chimique du lait sur un plus grand nombre d'animaux, en le comparant avec les caractères de conformation, pour pouvoir donner plus de précision et de développement à cet intéressant sujet, qui ne tend à rien moins qu'à faire apprécier approximativement, par l'inspection des formes, non-seulement la quantité, mais les qualités du lait produit par un animal donné, soit en caséum, soit en matières grasses, en d'autres termes, en fromage et en beurre. Cette étude, je me promets de la faire plus tard, pour peu que les circonstances me favorisent, sur le plus grand nombre possible d'autres espèces de mammifères.

Conformément aux principes que je viens d'établir, principes confirmés en grande partie par des expériences nombreuses, pour que le lait soit à la fois riche en beurre et en fromage, il faut qu'il soit onctueux, légèrement sucré, qu'il ait de la consistance, et que, sans être ni trop gras ni trop aqueux, il offre une saveur et une odeur agréables.

La richesse en matières caséeuses, si convenable pour le pays où se fabriquent les meilleurs fromages, comme dans la Brie, à Marolles, en Auvergne, en Suisse, etc., se reconnaît principalement à la consistance et à la couleur jaune pâle, et les qualités butyreuses à la couleur blanche tirant un peu sur le jaune, à une consistance qui est peut-être un peu moindre que pour le cas précédent, puis à la suavité, à l'onction de la partie grasse du liquide fraîchement sorti du pis. Le lait se trouve chargé d'autant plus d'eau qu'il réunit moins ces derniers caractères. Il n'est pas encore trop extraordinaire, cependant, de trouver de la crème en bonne quantité dans un lait clair et peu coloré; c'est qu'alors ce liquide renferme peu de caséum, mais beaucoup d'eau et de matière grasse, tandis qu'on peut rencontrer une moindre quantité de crème dans un lait très épais, mais qui contient beaucoup de matières caséeuses et peu d'eau. On serait donc susceptible de se tromper, si l'on s'en rapportait seulement à la densité du lait, pour juger de la richesse de ce liquide en matières butyreuses. Il est de nombreux cas, et la particularité que je cite en est un exemple, où l'observateur doit s'aider de toutes les données fournies par les formes extérieures et intérieures, pour donner à ses appréciations le plus d'exactitude possible.

La sécrétion laiteuse offre en outre plusieurs périodes durant lesquelles le fluide élaboré varie en qualité, et principalement en quantité.

On sait que vers la fin de la gestation les mamelles des vaches ou des génisses subissent les phénomènes inflammatoires qui déterminent la formation d'un liquide chargé d'albumine qui doit donner naissance au colostrum. Ce liquide est détourné de la nourriture du fœtus par les glandes mammaires dont l'activité s'est développée à mesure que les muqueuses utérine et placentaire approchaient du terme de leur travail. Or, d'après les expériences de M. Lassaigne, faites quarante jours avant le part, ce lait, au lieu d'être acide, est *alcalin* et très chargé d'albumine, et il ne renferme ni caséum, ni sucre de lait, ni acide lactique. Dix jours avant le vêlage, ce liquide devient doux, légèrement sucré, et contient toutes les substances que l'on trouve dans le lait ordinaire, plus encore une certaine portion d'albu mine. De plus, l'observation nous prouve constamment que la veille et le lendemain du part, le colostrum devient un liquide demi-transparent, visqueux, jaunâtre, filant, d'une saveur fade et d'une consistance onctueuse; qu'exposé à l'air il se couvre d'une substance épaisse, jaune, onctueuse au toucher, qui se convertit en une grande quantité de beurre ferme et très coloré ; qu'enfin, soumis à l'action du feu, de l'alcool, des acides, il se coagule comme le blanc d'œuf et ne donne plus lieu à la formation du sérum.

La traite du premier jour fournit un beurre d'une teinte jaune orangée, plus gras que celui du lait ordinaire, mais d'une saveur désagréable. Enfin, le deuxième et le troisième jour, la mulsion se rapproche du lait ordinaire par sa couleur, sa consistance et sa saveur, et ce n'est que le quatrième jour qu'elle finit par présenter tous les caractères qui lui sont propres.

Le lait des génisses est plus séreux que celui des vaches qui ont donné plusieurs veaux.

Les vaches nouvellement vêlées donnent du lait plus abondamment qu'aux autres époques, mais ce liquide n'a pas acquis toutes les qualités butyreuses et caséeuses qu'il possède ordinairement deux mois après le vêlage. Si cette variation a pour cause, selon toute probabilité, le plus ou moins d'abondance de lait fourni journellement dans ces premiers temps qui suivent le part, il est clair que les dernières qualités changent à des époques plus ou moins éloignées, comme la quantité elle-même.

Le lait s'appauvrit quand les animaux deviennent vieux, vers la fin de la lactation, ou par une mauvaise alimentation.

Sous l'influence de ces diverses causes, le sérum augmente, le principe sucré diminue, et le lait prend une teinte bleuâtre en raison de la diminution du nombre des globules, de la caséine et de la matière grasse.

L'altération subite du lait suppose toujours un trouble dans les fonctions qui le produisent : ainsi, quand les vaches demandent le taureau, elles donnent toujours un lait très séreux, dont la crème est mauvaise, et qui se coagule ou tourne promptement lorsqu'on l'expose au feu. Les qualités de ce liquide sont encore soumises à des conditions de tempérament et de santé. Si un travail pénible épuise les mamelles de la vache, la stabulation n'est pas moins nécessaire dans les saisons rigoureuses ; l'atmosphère de l'étable qu'habite l'animal doit être tempérée et même un peu humide : une grande élévation de température, trop de froid, ou de sécheresse rompraient l'équilibre dans le jeu des fonctions, soit par le mode de travail respiratoire et digestif, soit par une trop abondante déperdition de fluide, ou enfin par la suppression de la perspiration cutanée, toutes choses susceptibles de nuire à l'abondance et à la qualité de la lactation.

Plus le lait est riche en beurre, moins il est pesant ; et, cela est si vrai, que la matière grasse étant moins lourde que l'eau du sérum, la crème tend toujours à se porter dans le haut du pis. Le lait premier tiré est donc moins crémeux que la dernière partie de la traite qui vient des régions les plus élevées des glandes lactifères. La différence est généralement de 1 à 8, et presque jamais moins de 1 à 6 ; elle est encore plus grande dans le caillé des deux laits : il semble qu'on ait ajouté de l'eau à la première partie de la mulsion, tandis que dans la seconde on dirait plutôt de la crème que du lait. Il est donc de bonne pratique d'égoutter complétement le pis de la vache, non-seulement pour favoriser la formation de la traite suivante, mais parce que la quantité de lait diminue tous les jours en proportion de la traite faite moins à fond, et que le lait qui coule le dernier est plus riche que le premier rendu et parfume davantage le beurre.

Le lait qui sort des trayons de derrière possède des qualités supérieures à celui des trayons de devant, et il donne ordinairement le double de crème; il conserve moins, en outre, la couleur et le goût des plantes dont les animaux se nourrissent, et cela, parce que peut-être il serait le premier formé et moins mélangé que l'autre, avec un fluide récent, moins bien élaboré par le dernier travail des glandes.

Les vaches qui sont traites trois fois par jour donnent plus de lait que celles qui ne le sont que deux fois, mais ce lait est plus chargé d'eau et moins crémeux.

La crème fournie dans l'état de gestation avancée, ou par une vache vieille de lait, ne donne du beurre que difficilement. Il en est de même sous l'influence du froid, de mauvaises nourritures d'hiver qui produisent du beurre blanc, ou quand la bête est échauffée, et qu'elle prend de la graisse au lieu d'augmenter les produits sécrétés, sous l'action d'une nourriture abondante et substantielle. Non-seulement vous rencontrez, dans ce cas, l'inconvénient que je signale en premier lieu, mais vous obtenez du lait qui s'aigrit promptement, même à l'abri de l'air atmosphérique. Puisque l'on sait que la graisse rancit facilement à l'air, ne peut-on pas en induire que les substances végétales qui ont subi un degré trop élevé d'animalisation sont plus fermentescibles et contractent plus vite de l'acidité ?

La chaleur du lait en sortant du pis est de 28 à 30 degrés Réaumur ; il faut bien se garder d'agiter trop le lait, et de le laisser refroidir, avant de le déposer dans les vases à crémer; car, en hiver surtout, la crème diminuerait en quantité et en qualité, en raison du refroidissement produit. Le lait riche ne donne pas toute sa crème aussi facilement que le lait pauvre, mais la crème du premier est de meilleure qualité ; si l'on mêle de l'eau à ce lait riche, on en retirera plus de crème, mais qui deviendra d'une qualité inférieure. La crème qui monte dans la première portion de temps est plus considérable et meilleure que celle de la deuxième portion égale de temps, et celle-ci que la troisième, et ainsi de suite.

On obtient plus de crème, en hiver, dans les vases de terre commune que dans ceux de grès et émaillés : dans ceux-ci, le lait se refroidit plus promptement et ne donne pas à la crème la même facilité de se dégager. Par la raison qu'ils se tiennent plus frais, l'emploi des vases émaillés est plus avantageux pour l'été. Il est bon que ces vases soient peu profonds et fort évasés, de manière à présenter une grande surface au contact de l'air ; cette forme favorise le dégagement de la crème en lui permettant de monter plus rapidement. Je ferai observer, toutefois, qu'en hiver, il est avantageux d'employer des vases profonds que l'on remplit plus qu'en été ; de cette sorte, le refroidissement est plus lent, et les bulles de beurre ont plus de temps pour s'élever et former la couche de crème. Il est de bonne pratique d'ajouter un peu d'eau au lait pendant les grandes chaleurs : on ralentit ainsi le développement de l'acide lactique, et par conséquent la formation du caillot.

Quand on veut conserver la crème pendant plusieurs jours, on doit la déposer dans un vase à orifice étroit et hermétiquement fermé ; le contact de l'air pourrait l'altérer. Le beurre n'est jamais plus doux et d'une saveur plus agréable que lorsqu'il est le produit d'une crème nouvelle ; le beurre délicieux de la Prévalaye est fait avec la crème levée le jour même ou la veille.

La laiterie doit être exposée au nord ou à l'est et construite de manière à pouvoir y maintenir dans toutes les saisons une température de 8 à 11 degrés Réaumur. Si la température était plus froide, la crème ne se séparerait pas facilement de la partie caséeuse et du sérum ; si elle était plus élevée, le lait ne tarderait pas à s'aigrir et à former un mauvais caillot. Il suffit de quinze heures pour que la crème soit bien montée en été, et de trente heures en hiver. On s'assure que la formation de la crème est parfaite quand, en posant légèrement le doigt dessus, on peut le retirer sans enlever aucune partie de lait. Un litre de lait contient en général 40 grammes de crème. Si l'on emploie de l'eau chauffée dans le battage, il s'opère un mélange de caséum avec le beurre, et le produit est plus mou, plus blanc, d'un goût moins agréable, et conserve moins longtemps ses qualités. L'addition du calorique à la crème facilite en même temps l'évaporation des principes aromatiques des végétaux, passés dans le beurre. Il est reconnu qu'il y a perte de 16 pour 100 en crème, si l'on extrait directement de la masse du lait le beurre qui se forme avec d'autant plus de facilité que l'acide lactique est plus développé.

M. Fouju, rue Cadet, à Paris, est l'inventeur d'une baratte que je crois destinée à une grande popularité par la modicité de son prix et les résultats qu'elle produit. Ce chimiste a préféré le bois aux métaux, parce qu'il est moins attaqué par l'acide lactique, et qu'il est plus mauvais conducteur du calorique. En outre, il a adopté avec bonheur la forme octogone, afin de rompre par les angles l'effet centrifuge qu'imprime toujours au liquide une rotation rapide, et de multiplier les chocs sans le concours d'agitateurs qui ont l'inconvénient de diviser les parties solides et de retarder la formation du beurre. Enfin, il a donné très peu de largeur à ses barattes afin de faciliter la liaison des molécules butyreuses qui surnagent toujours sur une grande surface. Son appareil est aussi simple qu'ingénieux, et la crème qu'on y introduit, après l'avoir préalablement mélangée, ne doit pas dépasser la moitié de sa capacité. Dix minutes suffisent, en moyenne, pour obtenir un résultat qui ne laisse rien à désirer sous le rapport du rendement et de la qualité, même en ajoutant de l'eau froide à la crème, ce qui, selon l'inventeur, hâte plutôt l'opération, et augmente la qualité du produit. Le mouvement de la manivelle doit être régulier, plus précipité que lent, et l'on ôte plusieurs fois le bouchon, non-seulement pour donner passage aux gaz qui se forment par la fermentation acide, mais pour faciliter l'introduction de l'air, si la substance devient trop écumeuse, ce qui arrive quand elle est en petite quantité dans un vaisseau que l'on remue trop vite. Quand le beurre est formé en grumeaux, et que le lait battu a été soutiré, l'opérateur ôte la palette de l'intérieur, ramasse son beurre et le lave en employant un peu d'eau froide, à plusieurs reprises, et, quand l'eau sort limpide de la baratte, l'opération est terminée. La ménagère n'a plus à s'occuper que de la façon, si toutefois elle ne préfère pétrir encore un peu son beurre, de manière à le débarrasser le plus possible des matières séreuses et caséeuses qui en diminuent la qualité, et le disposent à devenir rance.

Le beurre se conserve mieux dans des pots de grès préservés du contact de l'air, que dans toute autre matière.

CHAPITRE XXII.

INFLUENCE DE LA NOURRITURE SUR LA PRODUCTION ET LES QUALITÉS DU LAIT ET DU BEURRE.

Il me reste à examiner maintenant quelle est l'influence exercée sur le lait et le beurre par les différentes nourritures qui forment l'alimentation des vaches laitières. Si les formes ont une action physiologique déterminée sur la lactation, la nourriture, à cet égard, ne joue pas un rôle moins important. On sait sous l'influence de quel régime on favorise le développement de la graisse; or, la plupart des aliments peu excitants qui entrent dans ce régime conviennent également à la sécrétion du lait, et parmi eux les uns favorisent plus spécialement la formation du *caséum*, d'autres la matière *butyreuse* ou la partie aqueuse, le *sérum*. Essayons de les classer d'après leur nature et leur mode d'action sur le lait.

La plupart des plantes de la famille des crucifères, telles que la julienne, le cresson de fontaine, les raves, les navets, la moutarde, ainsi que les espèces du genre ail, communiquent au lait des animaux qui s'en nourrissent l'odeur et la saveur d'amertume qui leur sont propres. Je ne cite pas le chou, quoiqu'il appartienne à la même famille, parce qu'il produit du lait et du beurre de bonne qualité. Cette plante ne communique une saveur désagréable au beurre que lorsqu'elle est en état de décomposition. Quant à la qualité, au surplus de rendement que le chou occasionne, ils doivent être attribués à sa nature rafraîchissante, mucilagineuse, et à l'azote qu'il contient, ce qui convient parfaitement à la nature végétale azotée du caséum.

La grande ciguë des prés, les renoncules, l'absinthe, la tanaisie, l'alliaire, font passer aussi dans le lait l'âcreté qu'elles contiennent; les plantes acides, comme quelques espèces d'*oxalis* (oseille) et de *rumex*, les chicoracées, ne lui donnent aucune amertume.

Les prêles des bois et des prairies marécageuses ont la réputation de couper le lait.

Mais, de toutes les plantes légumineuses données en vert, le sainfoin est la nourriture par excellence pour obtenir beaucoup de lait et du beurre d'une qualité supérieure. Le trèfle vient ensuite, surtout le regain, qui donne beaucoup plus de lait que la première coupe. La luzerne est moins aqueuse, elle accélère la circulation du sang par la quantité de chaleur animale qu'elle développe, et produit moins de lait et de crème. Les vesces, les fèves, les pois, les lentilles, donnés en vert seulement, contiennent comme le sainfoin, le trèfle et la luzerne, une huile essentielle analogue qui cause leur odeur, beaucoup de principes organiques, et donnent aussi un lait abondant et riche en caséum. Le panais est aussi une excellente nourriture pour la laitière; on lui reproche pourtant de relâcher un peu trop, et de donner au lait, particulièrement au printemps, une saveur amère. Ces inconvénients disparaissent lorsqu'on fait consommer cette racine en mélange avec des carottes et du son, ou avec d'autres aliments secs. La carotte et le son possèdent des qualités éminemment lactifères, dues sans doute à la quantité de mucilage, à la farine, au sucre et au principe résineux que ces aliments rafraîchissants renferment; on obtient par leur mélange une nourriture *extra* qui procure un beurre jaune, lourd, massif et d'un goût exquis. Le son fait mieux à l'état sec que dans les boissons chaudes; la pomme de terre donne plus de lait crue que cuite ; la drèche digère facilement et produit beaucoup de lait, mais elle a l'inconvénient, par son acidité, de délabrer l'estomac du bétail, et de donner un beurre décoloré, peu agréable, et qui prend l'aigre très facilement. Les rutabagas, les plantes aromatiques des graminées, comme celles d'un endroit sec et élevé, exercent également une influence très avantageuse sur le lait et produisent un beurre d'une qualité supérieure; mais ce lait est encore moins riche, me dit-on, qu'avec un mélange d'avoine et de vesces concassées. On affirme également, et je le crois sans peine, que le lait des vaches nourries avec trop de graines, aliments les plus azotés parmi les végétaux, est plus caséeux que gras, d'un goût peu agréable, et que le beurre qui en provient s'aigrit facilement. L'orge, par exemple, très convenable pour produire de la graisse, fait un lait blanc, chargé de matières caséeuses, et du beurre qui a une grande disposition à contracter de l'amertume.

La paille d'avoine vaut mieux que la paille de froment, parce qu'elle est moins échauffante et qu'elle offre à l'analyse chimique plus de matières mucilagineuses et sucrées.

Les aliments fermentés ont la propriété de faciliter le travail respiratoire, et de pousser plus à l'engraissement qu'à la lactation; en effet, la respiration ayant pour but d'oxygéner le sang veineux, si ce sang a déjà subi un degré d'oxydation par le chyle qui en est la source, il est évident que les poumons auront moins de travail à faire pour changer le sang noir en sang rouge. Or, cette transformation facile, rapide, et parfaite, favorisera plus spécialement la formation de la graisse que du lait.

Les cosses des pois donnent un lait qui se coagule difficilement; les herbages aquatiques ou marécageux, la racine de betterave, surtout quand elle est crue, et la pulpe fermentée qui en est le résidu, produisent encore un lait blanc et de mauvais goût. On remédie à cet inconvénient en associant ces aliments à d'autres fourrages secs.

Les boissons chaudes excitent à boire, favorisent la digestion, et augmentent l'appétit ; aussi des buvées chargées de son, de criblures, de balles de blé ou de scourgeon, de racines, de drèche, de tourteaux d'œillette ou de graine de lin, sont des nourritures qui, par un bon mélange, diminuent les défauts du beurre que l'on obtient généralement dans la saison d'hiver. En Angleterre, on estime plus les balles d'orge que celles de froment ; mais données sèches et en grande quantité à la fois, elles produisent des indigestions, parce qu'elles ne sont pas ruminées facilement. Cet inconvénient disparaît quand on les mêle à la boisson avec d'autres aliments.

Les pâturages trop éloignés des habitations sont désavantageux pour la fatigue qu'ils occasionnent. Le proverbe dit que *le lait se perd en route*. Il faut bien prendre garde de tourmenter ou de précipiter la démarche des vaches qui vont à la pâture, sous peine de troubler la rumination, et d'avoir moins de lait.

Pour reconnaître la valeur du lait en principes butyreux et caséeux, on se sert d'un lactomètre. Celui que je possède consiste en un tube de verre d'un pouce et demi de diamètre pris à l'intérieur, et long de dix pouces ; on a divisé la contenance de ce tube en 100 parties égales, qui en constituent les degrés, et ce, au moyen du jaugeage ; on a gravé sur le verre, avec la pointe du diamant, trente de ces degrés à partir du cercle supérieur qui est marqué 0 (zéro). Ce tube contient trois demi-décilitres et un tiers jusqu'au zéro, et chaque demi-décilitre est marqué par un cercle tracé au diamant. On y introduit tout frais le lait à examiner, après l'avoir remué fortement pour produire le mélange des différentes parties de la traite, et l'on attend que la crème soit bien montée pour en estimer la quantité ; puis, on ajoute de la présure qui précipite la partie caséeuse dont on prend la proportion. On obtiendrait encore le même résultat par l'emploi de l'alcool, ou ce qui est le mieux, en abandonnant le lait à lui-même, dans la saison d'été : le petit-lait et le caillot blanc ne tardent même pas à se former, si la température s'élève à 25 degrés. Ces divers moyens permettent de reconnaître, entre plusieurs vaches, celle qui donne le lait le plus riche, soit en fromage, soit en beurre, ou le plus chargé d'eau, et l'influence des divers aliments sur ces deux premières substances.

CHAPITRE XXIII.

DES RACES BOVINES.

Le mérite que l'on accorde aux animaux de l'espèce bovine ne s'établit que sur l'importance des avantages que l'on peut retirer d'eux sous le rapport du travail, du laitage et de la boucherie. Ici point de mode, point de caprices, rien que le degré d'utilité seul à envisager au point de vue de l'usage auquel on destine l'animal, variable selon les climats, la nature du sol ou la nourriture, la règle et les soins particuliers que l'homme apporte dans l'élevage et la reproduction de l'espèce.

Les races se distinguent entre elles, non-seulement par le cornage, la couleur, la taille et la variété des formes extérieures, mais encore par une différence d'aptitude, résultat de chaque conformation et de l'organisation intérieure qui est propre à chacune d'elles.

Si nous jetons un coup d'œil rapide sur les principales races et sur les types variés que l'on rencontre partout, nous verrons que les vaches réputées comme les meilleures laitières, viendront se placer tout naturellement dans le cadre que j'ai tracé, tandis que les animaux spécialement d'engrais et les bêtes reconnues pour leur aptitude au travail seront taillés sur un autre modèle : ce rapprochement doit avoir une haute importance dans mon travail, s'il devient la consécration de notre système.

CHAPITRE XXIV.

RACES INDIGÈNES ET ÉTRANGÈRES QUI FOURNISSENT LES MEILLEURES LAITIÈRES.

L'étude comparative que j'ai faite de près, sur des types nombreux des races laitières de France et de l'Étranger, m'a démontré jusqu'à l'évidence que, sous ce rapport, notre nation n'a rien à envier aux autres pays de l'Europe. Les laitières de la Suisse, de la Hollande, des îles Britanniques, du Danemark, ne sauraient entrer en lutte avec notre flamande, que je regarde comme la première du monde, et nos races cotentine, bordelaise, boulonnaise, picarde, peuvent être placées, sans désavantage, sur le même plan que les meilleurs types de ces diverses contrées de l'Europe, pour l'abondance de la lactation et les qualités butyreuses.

Les bonnes races indigènes tenues exclusivement pour le lait sont moins nombreuses que celles qui sont destinées à la boucherie et aux travaux agricoles. Les meilleures laitières se ressemblent toutes par une disposition générale de forme qui caractérise fortement le type, mais elles offrent pourtant certains caractères particuliers à l'aide desquels il est facile de les distinguer entre elles, et de race à race. Je crois donc devoir consacrer à chaque type général de race un article spécial, ne serait-ce que parce qu'ils viennent, un à un, sanctionner définitivement notre méthode.

1° **Race flamande.** — La vache flamande, à l'état de pureté, est assez commune dans certaines contrées du département du Nord, mais ne se rencontre plus guère dans le Pas-de-Calais, que dans les environs de Béthune. Elle a fourni avec les normandes deux variétés justement renommées comme laitières : les *maroilles* et les *marécoises*, qui se trouvent dans les environs d'Avesnes-Hainaut et de Solre-le-Château. C'est dans ces contrées que se fabriquent les excellents fromages épais, carrés, que l'on désigne sous le nom de *larrons*, et les fromages plus petits, mais de même forme, qui tirent leur nom du village de *Maroilles*, et dont on consomme de si grandes quantités dans le Nord de la France. La flamande de bon cru a la tête sèche, plus longue que courte, large entre les yeux ; les cornes moyennes et peu vivaces, les yeux saillants, le cou mince et allongé, peu de fanon ; le garrot élevé, mais peu chargé ; l'épaule plate et saillante ; le corps fort long, les côtes plutôt plates qu'arrondies, la poitrine étroite, les membres secs ; le ventre vaste, le flanc très large, les hanches saillantes, les reins longs, larges et secs, la croupe plate, étendue, et formant une espèce de carré ; le bassin large, les cuisses volumineuses, mais peu fournies ; la peau fine, souple, étendue et formant souvent des replis à l'ombilic ; le pis volumineux, carré, se détachant bien entre les cuisses, garni de poils soyeux et peu tassés ; les veines mammaires bien développées et allant souvent en zigzag; enfin la queue longue et bien attachée, mais fine depuis sa sortie jusqu'au panache. Conforme à la vache hollandaise, par les caractères que je viens de signaler, elle en diffère cependant, par un peu moins de développement dans la poitrine, plus de finesse dans la peau, et par sa robe qui est communément rouge au lieu de pie noire. On pourrait reprocher à la vache flamande d'être, en général, un peu trop haute sur jambes, mais si l'on considère ses proportions, et son poids qui va jusqu'à 500 kilos en vie, ce qui pourrait paraître un défaut à première vue, disparaît dans l'ensemble de l'animal. Du reste, les laitières les plus fines de cette race sont celles qui sont les moins élevées sur jambes; eu égard à leur poids, celles-ci sont plus abondantes en lait que les autres, qu'elles dépassent même, quand leur infériorité comme force n'est pas trop grande. J'ai dit que les bêtes de Flandre avaient le ventre vaste ; il est bon de remarquer toutefois que généralement elles n'ont pas les parois inférieures de l'abdomen fort descendues ; ce serait là un défaut assez grave, si sa grande largeur de reins ne donnait pas à la cavité abdominale une plus grande dilatation transversale, et si la longueur de la région lombaire, accompagnée d'un flanc large et prolongé, ne leur faisait regagner amplement ce qu'elles perdent en profondeur, défaut qui ne se remarque pas sur les vaches de cette race qui sont basses sur pattes et auxquelles je ne crains pas d'accorder la préférence.

La vache flamande, si recherchée par les laiteries de Paris, donne journellement 22 à 28 litres de lait ; il n'est même pas rare d'en rencontrer qui vont jusqu'à 30 et 35 après le vêlage. On ne cesse ordinairement de les traire que vers la fin de la gestation. Écoulée, elle fait facilement de la graisse, ce qui en fait un type rare et précieux. Sa viande est fine, tendre, entremêlée de graisse, et elle rend du suif de bonne qualité et très abondamment.

2° **Race boulonnaise.** — La vache de cette race est connue par tous les marchands du pays sous le nom de *bournaisienne*. Quoique quelques-unes de ses formes aient été modifiées par la nature du sol, au point d'en faire un type de terroir, il est facile de reconnaître qu'elle est issue d'un croisement de la race flamande avec la race hollandaise, dont elle a conservé en général la forme de pis en bouteille. On rencontre aussi du sang normand dans un assez grand nombre de bêtes de cette race, qui a admirablement réussi dans le pays que les marchands appellent le *Bournais*, contrée qui occupe environ vingt lieues de circonférence, et dont les principaux crus sont *Desvres*, *Samers*, *Fauquembergues*, *Hucqueliers*, etc., jusqu'à Fruges. Elle doit sans doute sa supériorité à la nature assez médiocre de ses pâturages ; car, il est de principe que les animaux tendent toujours à se mettre en équilibre avec les milieux dans lesquels ils se trouvent. Elle a la tête fine, effilée, l'œil vif et en pelote, les cornes grêles et plates, le cou long et mince ; la poitrine étroite, resserrée entre des épaules courtes, maigres et souvent mal attachées ; le ventre volumineux et avalé, le flanc large ; les reins longs, secs et généralement larges ; les hanches saillantes, la croupe longue et sèche et un peu avalée, les jambes menues et très courtes, la peau fine et moelleuse; enfin de longues et fortes mamelles, révélation d'une grande puissance lactifère, tombent souvent en bouteille entre des cuisses bien développées, mais peu fournies. Vache laitière par excellence, frugale et dure à la fatigue, inférieure à la flamande par le poids, mais, toutes choses égales, aussi parfaite comme machine à lait, cette vache m'a servi de modèle dans mes premières études, avant toutes les bonnes laitières du Nord. Moins haute sur jambes que la picarde, avec laquelle elle a une communauté d'origine facile à reconnaître, elle a aussi des formes plus accentuées, plus régulières, et s'engraisse plus facilement. Elle est même très recherchée comme bête de boucherie. Sa viande est délicate et très entrelardée; elle fait beaucoup de suif. Croisée avec la flamande, elle forme des produits qui peuvent être mis en première ligne en France comme à l'étranger. Il est bon de distinguer la vache dite *bournaisienne* d'avec celle des environs de Boulogne qui se rapproche plus des grandes normandes par les moyens et le genre de conformation. Il en est de même pour la belle vache des environs de Calais.

3° **Race picarde.** — Cette variété de la race boulonnaise, remarquable par ses cornes pointues et relevées vers la pointe, a conservé la longueur de corps, l'exiguïté de poitrine, le développement des reins, la largeur de flanc et les formes saillantes de la race qui lui a donné naissance ; mais en général elle manque un peu de poids et elle perd aussi par ses formes trop élancées. Ces défauts sont moins sensibles dans les contrées élevées que dans les endroits marécageux, bas et humides. Les picardes du bon cru prennent encore souvent du poids et du ventre après avoir fait trois et même quatre veaux. Elles deviennent alors des laitières de premier ordre.

La picarde est précoce pour la reproduction, mais elle est tardive pour la croissance, et médiocre pour l'engraissement prompt et lucratif. Son croisement avec le durham réussirait à lui donner des formes comme bête de boucherie, mais la détériorerait assurément comme laitière.

4° **Race bordelaise.** — M. Guénon donne à cette race des environs de Bordeaux une origine hollandaise, et nous fournit son signalement en ces termes : « Elle est bonne laitière et beurrière, et sa couleur est pie noire ; elle est basse sur jambes, plutôt maigre que grasse, d'un volume bien proportionné à sa taille ; le dos est droit, les reins et la croupe sont larges, la poitrine et le cou minces, le fanon étroit, la tête carrée, plus longue que courte, les yeux gros et les cornes moyennes. » On le voit encore une fois : nous nous rapprochons toujours du *vilain type* pour nous éloigner du beau type tel que nous le rencontrons dans les races Hereford et Devon qui ont le cou court et plein, la poitrine vaste et profonde, le poitrail bas avancé et volumineux, une grande hauteur du poitrail au garrot, un dos large et long correspondant à un rein court, une grande largeur horizontale derrière les épaules, un ventre peu volumineux, et la croupe relativement moins forte que les épaules, enfin dont la conformation est peu laitière. Si la bordelaise possédait ce dernier genre de conformation, on ne l'appellerait pas la *reine des vaches* dans le Bordelais, et M. Guénon est de mon avis, puisqu'il nous apprend que dans les endroits où l'on fait du lait, on ne croise pas cette reine; que les taureaux suisses ont été essayés, qu'ils ont amélioré les formes et diminué le lait.

5° **Race bretonne.** — Cette race est répandue dans le Finistère, le Morbihan et les Côtes-du-Nord. Quoique provenant d'une souche commune facile à reconnaître, les vaches de ces contrées diffèrent cependant entre elles par certains caractères tranchés. La robe des deux premières races est pie noire, tandis que parmi les autres, il en est qui sont noires et blanches comme les hollandaises dont elles dérivent ; d'autres ont le pelage pie rouge ou tout à fait rouge. Les vaches qui habitent les bords de la mer ont la taille plus haute et les os plus développés, ce qui constitue une qualité de forme, mais un défaut comme lactation. Cette remarque ne s'applique pas seulement à cette race, mais aux bêtes de la Normandie, du Boulonnais, de la Vendée, qui, par le voisinage de la mer, puisent des sels dans les pâturages ou dans l'atmosphère. La plus petite espèce se trouve dans le Morbihan ; partout ailleurs les plus basses sur pattes sont aussi les meilleures, toute proportion gardée, bien entendu. La vache des Côtes-du-Nord réunit à peu près les mêmes caractères que la boulonnaise du bon cru. Elle a la charpente un peu défectueuse, et quoiqu'elle ne pèse guère plus de 200 à 250 kilogrammes, les paysans bretons la préfèrent aux variétés les plus belles, parce qu'elle donne jusqu'à 22 litres de lait par jour. Elle a les membres menus, la croupe avalée, les cuisses plates, les épaules courtes, minces, saillantes, quelquefois obliques; la poitrine petite et sanglée, les reins longs, le dos trapu, les flancs grands; le ventre volumineux et souvent avalé; la peau souple, la queue longue et se terminant par un panache qui balaie souvent la terre. La nature un peu maigre des pâturages de la Bretagne, dont le sol était jadis couvert de bruyères, a contribué puissamment à la production comme à la conservation des formes laitières des races du Morbihan et des Côtes-du-Nord. Les conditions qui ont fait de la boulonnaise une bête rustique et très apte à l'engraissement, ont produit les mêmes résultats dans la Bretagne quant aux formes et aux qualités, et le croisement de cette dernière race avec la bretonne réussirait mieux qu'avec le type d'Ayr, qui augmenterait la poitrine et la taille, sans faire une meilleure laitière, si je puis en juger par les quelques échantillons dont j'ai été à même de faire l'examen approfondi. La toute petite bretonne, qui a la poitrine étroite, un œil doux et bien saillant, les reins larges, une épaule mince, une peau fine, une ossature délicate et une queue longue avec un beau panache, est une fine laitière. Son rendement, qui est de 12 litres ordinairement, va parfois jusqu'à 15 et plus, et comme l'a dit si bien un haut personnage, M. Rouher, ministre de l'agriculture : « *C'est la providence des pays pauvres, l'abondante laitière des plus maigres pacages.* » Quoi qu'on en ait dit au concours d'Orléans de 1853, les perfectionnements qui pourraient résulter des progrès de l'agriculture amélioreraient cette race comme forme, poids et qualité de viande, mais la détérioreraient bien sûrement comme laitière. Il est bon de le dire hautement.

6° **Race fémeline.** — Elle occupe le nord de la Franche-Comté, du côté de Vesoul, d'où elle s'étend dans les pays voisins et jusque dans la Bresse (Ain), où elle devient voisine avec la *comtoise*, qui en diffère beaucoup sous le rapport du rendement, de la conformation et même de l'aptitude à prendre de la graisse. Sa robe est de couleur rouge clair, connue dans l'est de la France sous le nom de *poil de froment*. Elle a les cornes longues et lisses, mais pas grosses, les naseaux peu dilatés, la tête mince, l'encolure peu épaisse, le fanon petit, la poitrine étroite, le corps allongé, les reins longs, la croupe large, et toutes les éminences osseuses assez prononcées. La vache de la Bresse, qui lui ressemble aussi, possède des caractères bien différents de ceux de la *tourrache*, race du pays dont le fanon flotte élégamment entre les genoux, et qui fournit de très bons fromages.

7° **Race normande.** — L'ancienne Normandie renferme deux races principales : la *cotentine* qui habite la Manche, et celle du *pays d'Auge* qui se trouve dans le Calvados. Elles sont toutes deux remarquables par la beauté de leurs formes, dues en grande partie à l'abondance et à la nature de leurs pâturages. Les bêtes de taille moyenne se trouvent dans les coteaux et les plaines, et la grande taille habite les vallées et les environs de la mer. La cotentine a ordinairement la robe noire et brune, ce que l'on appelle *bringé* dans le pays, et celle du pays d'Auge, plus forte en ossature, est *zébrée*, c'est-à-dire marquée de rouge, de blanc et de noir, ce qui nous démontre suffisamment qu'il y a du sang suisse et hollandais dans la race de cette contrée. La vache du pays d'Auge a une grande corpulence, les muscles développés dans de fortes et belles proportions, et son poids va jusqu'à 600 kilogrammes. Elle a la tête courte et large, les cornes grosses et rondes par le bout, le dos droit, le ventre moins volumineux ; le flanc moyen, la croupe courte mais large comme les reins, qui manquent aussi de longueur; l'encolure plus forte, le cuir plus épais, et la poitrine plus large et plus profonde que la race du Cotentin, qui a moins de poitrail et de développement dans les arcs, plus de flanc, les cornes et les épaules moyennes, l'arrière-train puissant par le développement latéral des reins, des hanches, de la croupe et du bassin, et est supérieure à l'autre sous le rapport du rendement en lait. Leurs qualités beurrières les rendent très recommandables, quoiqu'elles ne puissent figurer dans ma classification au rang des laitières les plus abondantes, et qu'elles perdent plutôt leur lait quand elles sont pleines, par suite du volume des poumons et des os, et de la conformation de la croupe. Rapprochées de notre type général, nous trouvons que les grandes normandes tiennent le milieu entre les vaches qui animalisent trop et celles qui possèdent des facultés assimilatrices restreintes. Le lait qu'elles fournissent est très coloré, et par conséquent très riche aussi en matières caséeuses. On connaît la réputation du beurre d'Isigny (Calvados) et de la Prévalaye (Seine Inférieure), et la renommée non moins grande des fromages de Neufchâtel et de Cambremer dans le pays d'Auge; considérées comme bêtes de boucherie, elles ne manquent pas de valeur : elles ont la graisse abondante, ferme et jaune, et la chair d'une qualité supérieure.

CHAPITRE XXV.

COUP D'OEIL SUR LES RACES ÉTRANGÈRES.

Le cadre dans lequel je veux me restreindre, pour ne pas donner à mon ouvrage les proportions d'un traité complet, m'oblige à ne jeter qu'un coup d'œil rapide sur les principales races laitières de l'Angleterre, de la Hollande, de la Suisse et de plusieurs parties de l'Allemagne.

Parmi les races d'origine étrangère qui ont fait spécialement l'objet de mon attention, je placerai en première ligne le *type hollandais*, de frappante ressemblance avec celui de Flandre, et dont la beauté de l'œil, l'étendue respective de la poitrine eu égard au volume abdominal, l'ampleur des flancs, des hanches, des reins, de la croupe et des cuisses en un mot, les formes anguleuses, en feraient la première laitière du continent, si elle ne manquait pas tant soit peu de profondeur dans le bassin, et de finesse de peau due à son organisation pectorale.

Les races des îles Britanniques, de la Suisse et du Danemark, viennent ensuite se placer sur la même ligne, ou à peu près, sous le rapport de l'aptitude laitière, quoiqu'elles diffèrent pourtant entre elles par quelques caractères bien tranchés. Parmi elles, on peut citer d'abord la race d'*Alderney*, des îles de la Manche, et la race du *comté d'Ayr*, en Écosse. La première a une grande ressemblance de taille, d'ossature, de formes et d'aptitudes, avec la vache des environs de Calais, qui elle-même a beaucoup d'analogie avec la hollandaise, sauf qu'elle paraîtrait être un peu plus courte que celle-ci, et avoir un peu de sang normand dans l'épaule et la poitrine. Quant à la seconde, sa digne rivale, aux formes gracieuses, au pelage bariolé, il est facile de lui assigner un rang fort élevé, quoiqu'elle manque un peu de longueur, si l'on sait apprécier sa finesse de peau et de charpente, la puissance de ses facultés digestives, les qualités lactifères des parties antérieures et de l'arrière-main, si reconnaissables encore par un œil incomparable, la taille et la beauté de la queue. Puis vient ensuite la race de *Kerry* (Irlande) au pelage noir décoré d'une raie de feu sur l'échine ou pie noir ; c'est la bretonne de l'Angleterre avec un peu plus d'ampleur dans les quartiers antérieurs, plus d'étoffe et de taille.

L'Allemagne a aussi ses races privilégiées. La vache d'*Angeln*, de taille moyenne, qui habite le Schleswig, dans les environs de Aarhuis (Danemark), est fort remarquable par son excessive finesse dans le devant, l'élasticité de sa peau mince et souple, la puissance des veines lactifères, l'épanouissement de l'œil, ses reins larges et secs, sa croupe plate et anguleuse comme celle de la boulonnaise ; et, comme elle, c'est aussi une excellente laitière. Vient ensuite la race du *Holstein*, laitière très bonne, aux hanches larges et saillantes, mais qui demande une nourriture forte et de gras pâturages ; puis la race de *Jutland*, que nous peindrions d'un trait, en la comparant avec la hollandaise, comme pelage, formes et aptitudes, si elle n'en différait un peu sous le rapport de la frugalité, du poids, et de la croupe qui est plus courte et plus avalée.

Les races de *Bohême* et de *Moravie* me paraissent être en général des dérivés très heureux des types de Berne d'abord, et ensuite de Schwitz ; comme aussi celle du *glane*, de la Bavière rhénane, ressemblerait à la fribourgeoise par la tête, les reins, le flanc, la poitrine, avec un peu moins de ventre, ce qui en ferait une laitière moyenne.

La Saxe, qui nous offre déjà de si riches produits en laine, possède une petite vache, dite de *Voigtland*, qui habite un pays couvert de forêts dans certains endroits, de marais dans d'autres, et tellement pauvre, qu'un géographe du pays lui donne le nom de Sibérie saxonne. Cette bête, qui a beaucoup d'analogie avec la picarde des contrées basses et marécageuses, quoique plus forte en os et en poitrine, est rustique, assez bonne laitière, d'un entretien facile et apte à l'engraissement.

En Autriche, la race de *Pinzgau*, qui peuple particulièrement le duché de Salzbourg, est sobre, rustique, et propre à l'engraissement; mais laitière moyenne par les caractères du flanc et du thorax, elle n'est ordinairement qu'un salmis de fribourgeois et de schwitzois, comme celle de *Mürzthal*, en Styrie, appartiendrait plutôt à cette dernière par le pelage, le volume du ventre, l'ossature, l'étendue de la croupe et des reins, sauf qu'elle se rapprocherait de la bernoise par la taille, l'ampleur de la poitrine et les qualités laitières. Les tyroliennes de *Zillerthal* et de *Dux*, quoique moins fortes et relativement plus basses que la précédente, n'en auraient pas moins pour souche les schwitzoises et les bernoises, dont elles soutiendraient très bien la réputation laitière.

Les trois principaux types de vaches suisses sont : 1° la

schwitzoise si remarquable par son pelage gris, et que l'on retrouve à l'état de pureté ou de métis en Silésie, en Gallicie, en Moravie, dans la Bohême, la Hongrie, la Styrie et l'Italie; 2° la *fribourgeoise* ou *vache de Gruyères*, de grande taille, à manteau pie de noir et de blanc, et dont la queue est si haut plantée, qu'elle semble sortie de la croupe; 3° et les *bernoises*, qui se rapprochent particulièrement de la deuxième par la taille, la robe et les caractères de conformation, mais qui aurait le mufle moins fort et la poitrine plus pleine en avant que la fribourgeoise, et surtout que le type Schwitz, dont la peau également épaisse serait pourtant plus souple et plus détachée, l'œil plus limpide, la côte plus plate dans le devant, plus de finesse dans le garrot, l'encolure moins développée ainsi que la poitrine, le flanc plus large, les reins plus secs, la croupe plus courte, mais plus plate et moins rétrécie dans sa partie postérieure. Ce n'est qu'après une étude minutieuse faite sur ces trois races, et de nombreux tâtonnements, que j'ai dû accorder la première place à la schwitzoise, pour la production lucrative de la viande et du lait. Les vaches d'*Oberhasli* et d'*Ober unterwald*, qui ont avec elle beaucoup d'analogie, surpassent pourtant la race originelle par la finesse des parties antérieures, de la peau, des os, et le développement des organes digestifs, quoique peut-être elles lui soient un peu inférieures par la longueur du flanc, des reins et du corps. La vache de Gruyères, dont la partie antérieure du thorax est très renflée, ne viendrait pourtant qu'en troisième lieu, et celle de Berne occuperait la dernière place, quoique droite sur les membres et plus régulière dans les formes que la précédente. Celles-ci ont la queue plus conoïde à sa base et moins longue que les deux autres, la tête carrée, le dos large et arrondi, la culotte épaisse et belle, l'encolure massive, les os volumineux, l'œil gros et peu agréable, le thorax puissant, mais elles sont douées d'un ventre large, profond, énorme; et de cette sorte se trouvent considérablement amoindris les défauts de lactation que l'on trouve dans la puissance du poumon, des os et des muscles.

CHAPITRE XXVI.

RACES D'ENGRAIS.

Si l'étendue de mon ouvrage ne devait pas se mesurer à la description des vaches laitières, j'essaierais de prendre chaque type de travail et d'engrais, et de signaler les aptitudes diverses qui les distinguent entre eux. Sous ce rapport, l'Allemagne et l'Angleterre nous ont laissé derrière elles. S'il ne m'est pas permis de remplir une lacune où je trouve assez d'espace pour établir une classification raisonnée, qu'il me soit loisible de dire, en passant, que les races les plus remarquables sous le rapport du travail, dont l'engraissement dure longtemps, produisent le rendement net le plus élevé, eu égard à leur poids vif, par la qualité et la quantité de chairs musculaires qu'elles fournissent. Parmi ces animaux, que l'on n'engraisse productivement que dans un âge avancé, je signalerai le *limousin*, le *comtois*, le *gascon*, le *salers* et le *devon*, type anglais d'un si grand poids, malgré sa petite taille, et dont la chair est aussi nutritive que succulente. Les animaux appartenant à ces diverses races ont les cornes grosses, le cuir épais, les os forts, les épaules chargées, les bras solides, le cou court et plein, les cuisses volumineuses, la croupe courte mais remplie, le corps ramassé, le poitrail large, le fanon pendant et la poitrine très vaste.

Les formes des races les plus propres à l'engraissement, sous le triple rapport de la production lucrative de la chair, de la graisse et du suif, sont moins bien tranchées que celles des bœufs de travail. En général, les bêtes d'engrais se distinguent par la force de l'encolure, les épaules larges et épaisses, la poitrine vaste, l'œil saillant et d'une grande vivacité, le mufle moyen, les narines peu dilatées, la croupe épaisse, les reins courts, le flanc étroit, le ventre rond sans être volumineux, la peau fine, ou moyenne et souple, et une ossature moyenne. Elles semblent tenir à peu près le milieu, par les formes antérieures, la peau et la fibre musculaire, entre les races robustes de *haut cru*, telles que les aubracs et les morvandais, et les races de nature douce que l'on destine plus particulièrement à la production du lait. Toutefois la précocité, le rendement plus élevé en *chair nette*, à égalité d'engraissement et de poids vif, les éloignent assez des races laitières pour les rapprocher davantage des sujets renommés par la force et la rusticité. Les types les plus remarquables de cette division sont : 1° les *cholets*, 2° les *manceaux*, 3° les *agenais*, 4° les *durham*, 5° les *schwitzois*, 6° les *durham-manceaux*, 7° les *durham-charollais*, 8° les *durham-schwitz*, 9° les *normandes*, qui forment la variété du *pays d'Auge*, réputées pour les plus belles du monde avec la *garonnaise*; puis, les espèces du *Cotentin*, types de lait et de boucherie à la fois, que les Anglais eux-mêmes viennent nous acheter pour perfectionner les leurs. La viande fournie par tous ces animaux de choix a le grain plus fin que celui des bêtes de travail ; elle est en outre d'une belle couleur, savoureuse, marbrée et parcourue par de belles couches de graisse fine et jaunâtre, parmi les faisceaux musculaires. Les animaux de ces races, destinés pour la plupart à l'approvisionnement de la capitale, donnent d'autant plus de suif qu'ils avancent en âge au moment de l'engraissement. Les jeunes bêtes font plus particulièrement de la graisse sous la peau et entre les muscles. Ces deux effets contraires sont produits par deux causes différentes : d'un côté, par le ralentissement, et de l'autre par l'activité de la circulation, toujours en rapport, à nourriture identique et à aération égale, avec les facultés respiratoires. Les bouchers savent si bien cela par expérience, que parmi les bœufs engraissés ils achètent de préférence ceux qui ont été le plus longtemps soumis au joug ; ce qui vient confirmer de nouveau les faits théoriques et pratiques développés dans le cours de mon ouvrage.

On a pu se convaincre en me lisant, que je suis loin d'être partisan des classifications absolues des auteurs. Pour être fidèle à mes principes, je ne saurais admettre aucune distinction exclusive sous le rapport de l'engraissement, puisque tel animal non réputé pour être de *race d'engrais*, peut cependant posséder une grande aptitude à *faire de la graisse*, quoiqu'il n'atteigne pas le poids, la richesse de viande et le rendement net de certains autres plus recherchés par le cultivateur et le boucher. On peut citer, sous ce rapport, la *flamande*, la boulonnaise, la bretonne, la féneline, la hollandaise, les ayrshires, les schwitzoises, types très productifs par le lait, mais qui ne le sont pas moins pour *prendre de la graisse* facilement. Or, une classification méthodique, appuyée sur les bases larges et solides de la science éprouvée par la pratique, serait aujourd'hui d'une grande utilité en France : on ne saurait le nier. Ce travail permettrait non-seulement d'attribuer à chaque race et à ses filiations les aptitudes qui leur seraient propres, mais de diviser les races en plusieurs grandes séries caractérisées par des ressemblances fondamentales, sous le rapport de la forme et des fonctions. C'est pour avoir négligé l'étude de la conformation et des caractères physiologiques qui s'y rattachent, au point de vue de la nature du sol et de ses productions, que nous ne savons encore suffisamment approprier nos choix à notre but, eu égard aux conditions agricoles et économiques dans lesquelles nous sommes placés. Ce déplorable état de choses va bientôt cesser, sans aucun doute, et ce sera un des immenses progrès que nous devrons principalement à l'exposition universelle de cette année.

CHAPITRE XXVII.

RÉCAPITULATION DES USAGES ÉCONOMIQUES DU BOEUF, DE LA VACHE ET DU VEAU.

Je ne saurais mieux terminer mon ouvrage, ce me semble, que par l'énumération des divers usages du bœuf, de la vache et du veau. Docile et vigoureux, le bœuf est un animal précieux pour les travaux agricoles, et sa chair succulente fournit à l'homme un aliment agréable et très réparateur ; les potages qui en proviennent sont recherchés du riche, du pauvre, de tout le monde. La viande des veaux est moins succulente et moins nutritive, mais elle est délicate, et son bouillon est encore regardé comme rafraîchissant, si on l'administre aux malades : le lait bouilli avec du papier arrête la diarrhée des animaux de cette espèce. Le petit-lait est d'un usage médicinal très recherché et entre dans le blanchissement des étoffes ; le lait frais est un bon cosmétique pour la peau, et la crème guérit les crevasses. On trouve la présure dans l'estomac du veau, et du vaccin sur les mamelles de la vache. La peau bouillie donne de la colle forte, ainsi que les tendons; tannée, elle forme du cuir, sert à la chaussure et devient d'un usage très varié dans les arts et l'industrie. Les poils entrent dans la composition de certains mortiers et servent de bourre pour garnir les siéges, les colliers des chevaux, les pommeaux de selles, les croupières; les crins de la queue entrent dans la fabrication des cordes, des matelas et d'autres objets. On emploie la graisse pour la fabrication de la chandelle; on fait de l'huile avec les pieds. On se sert du fiel pour dégraisser les étoffes, et des cornes pour fabriquer des peignes, des lanternes, des écritoires, des vitres, des boîtes, des manches d'instruments et autres ustensiles. Les os sont recherchés pour faire des moules de boutons, du noir animal, ainsi que pour la confection de la gélatine. Le sang peut servir d'engrais comme les excréments et est employé dans les raffineries de sucre et d'huile de poisson ; on s'en sert encore pour fabriquer une couleur connue sous le nom de *bleu de Prusse*. La membrane qui couvre les intestins forme ce qu'on nomme la baudruche, quand elle est sèche, et est employée pour recouvrir les aérostats et battre l'or en feuilles très minces. Enfin, on connaît les avantages du lait, liquide précieux comme aliment, et qui sert à préparer la crème, le beurre et le fromage.

TABLE DES MATIÈRES.

Librairie de Victor Masson.

JOURDIER (A.). — **Catéchisme agricole pratique.** Deuxième édition. Paris, 1856, 1 volume grand in-18 avec de nombreuses figures dans le texte.

Dictionnaire général de médecine et de chirurgie vétérinaires et des sciences qui s'y rattachent, par MM. Lecoq, Rey, Tisserant et Tabourin, professeurs à l'Ecole impériale vétérinaire de Lyon. — Ouvrage adopté par les écoles vétérinaires de France. Paris, 1850, 1 fort volume in-8 à 2 colonnes........ 15 fr.

TABOURIN (F.). — **Nouveau traité de matière médicale, de thérapeutique et de pharmacie vétérinaires;** suivi : 1° d'un formulaire raisonné, magistral et officinal; 2° d'une pharmacie légale, ou analyse des dispositions législatives concernant l'exercice de la pharmacie vétérinaire; 3° d'un tableau du prix approximatif des médicaments à Paris, Lyon et Toulouse. Paris, 1853, 1 vol. grand in-8 compacte, avec 82 figures .... 10 fr.

JOIGNEAUX (P.). — **La chimie du cultivateur.** Paris, 1850, 1 vol. grand in-18.................................. 2 fr.

GIRARDIN et **DUBREUIL.** — **Traité élémentaire d'agriculture,** 2 vol. grand in-18, avec 842 figures intercalées dans le texte. Paris, 1850-1852......................... 15 fr.

DUBREUIL (A.). — **Instruction élémentaire sur la conduite des arbres fruitiers.** Greffes, — taille, — restauration des arbres mal taillés ou épuisés par la vieillesse, — culture, — récolte et conservation des fruits. Paris, 1854, 1 volume grand in-18, avec 120 fig.................................. 2 fr.

DUBREUIL (A.). — **Cours élémentaire, théorique et pratique d'arboriculture,** 4e édition. Paris, 1857, 1 vol. grand in-18, publié en 2 parties, avec 5 vignettes gravées sur acier, 811 figures intercalées dans le texte et de nombreux tableaux ..... 9 fr.

Bulletin mensuel de la Société impériale zoologique d'Acclimatation, fondée le 10 février 1854.

Il paraît chaque année 12 cahiers formant un volume grand in-8 de 700 pages.

Le tome III correspond à l'année 1856. Le bulletin est envoyé sans rétribution à tous les membres de la Société à partir du commencement de l'année où ils sont reçus.

Les personnes qui ne font pas partie de la Société peuvent s'abonner.

Prix de l'année : { Paris.......................... **12 fr.**
{ Départements................. **14 fr.**

Paris. — Imprimerie de L. Martinet, rue Mignon, 2.

www.ingramcontent.com/pod-product-compliance
Ingram Content Group UK Ltd.
Pitfield, Milton Keynes, MK11 3LW, UK
UKHW022101190726
13855UKWH00002B/579

9 782011 930170